高等学校电子信息类“十二五”规划教材

电工电子学(上册)

主　编　张俊利
副主编　刘沛津　任继红
参　编　王晓燕　张　宇　孙长飞

西安电子科技大学出版社

内 容 简 介

本书分为上、下册。上册的内容包括直流电路、电路的暂态分析、正弦交流电路、供电与用电、变压器、三相异步电动机、电气自动控制、可编程控制器PLC及其应用、电工测量共9章。

本书可作为高等学校非电类专业的本科生教材，也可供电工电子学相关技术人员参考。

图书在版编目(CIP)数据

电工电子学. 上册/张俊利主编. —西安：西安电子科技大学出版社，2015.2

高等学校电子信息类“十二五”规划教材

ISBN 978-7-5606-3614-6

Ⅰ. ①电… Ⅱ. ①张… Ⅲ. ①电工学—高等学校—教材 ②电子学—高等学校—教材

Ⅳ. ①TM1 ②TN01

中国版本图书馆CIP数据核字(2015)第032622号

策　　划　戚文艳

责任编辑　阎彬　曹锦

出版发行　西安电子科技大学出版社(西安市太白南路2号)

电　　话　(029)88242885　88201467　　邮　　编　710071

网　　址　www.xduph.com　　电子邮箱　xdupfxb001@163.com

经　　销　新华书店

印刷单位　陕西天意印务有限责任公司

版　　次　2015年2月第1版　2015年2月第1次印刷

开　　本　787毫米×1092毫米　1/16　　印　　张　10

字　　数　231千字

印　　数　1～4000册

定　　价　18.00元

ISBN 978-7-5606-3614-6/TM

XDUP 3906001-1

如有印装问题可调换

前　言

本书是根据全国高等学校非电类专业电工电子学课程教学改革的实际情况，并总结了各位编者近年来在该专业教学的经验，面向三本非电专业编写的。本书的编写原则是“精少、实用、够用”。

“电工电子学(上)”课程授课参考学时为32～48学时，对于学时较多的学校能完成全部内容的教学；而学时少者，教师可根据情况对本书内容有所取舍，以应用为主进行教学。

本书由西安建筑科技大学张俊利任主编，负责全书策划与定稿，并且编写了第1、2、7、9章，任继红编写了第3章，张宇编写了第4、8章，王晓燕编写了第5章，孙长飞编写了第6章。另外，副主编刘沛津在本书的编写过程中也协助做了一些工作。

本书被列为西安建筑科技大学教材项目，并获得学校的大力支持与帮助，在此顺致谢意。

由于我们水平有限，书中疏漏在所难免，恳请读者不吝指正。

编　者

2014年11月

目　录

第1章 直流电路

本章以直流电路为分析对象，讨论电路的基本物理量、基本知识、基本定律以及电路的分析和计算方法，其中有些内容不仅适用于直流电路，同样也适用于交流电路。

1.1 电路的基本物理量

电路是将某些元器件或用电设备根据需要连接起来的电流的通路。

电路的作用一般有两种：

(1) 实现电能的传输和转换。例如在电力系统中，发电厂将风能、水能、核能等其他形式的能量转化为电能，通过输电线路输送到用户端，用户则将输送来的电能转化为其他形式的能量使用，如使电灯点亮、电动机转动等。

(2) 实现信号的传递和处理。例如在电子电路中，将一个小的电信号输送到放大电路的输入端，经过放大电路放大后，传递到负载端，负载可将这个放大的电信号再转换为其他信号输出。

无论哪一种形式的电路，它都基本包括电源、负载及传输线路。

下面介绍电路中常用的几个物理量。

1.1.1 电流

电流是指单位时间通过某一横截面的电荷量，常用单位为安培(A)。通常随时间变化的电流用符号 $i(t)$ 表示，简写为 i；不随时间变化的电流(通常也称为直流)用大写字母 I 表示。因此，一般电流的定义可写为

$$i(t)=\frac{\mathrm{d}Q}{\mathrm{d}t}$$

在直流电路中，电流 I 通常表示为

$$I=\frac{Q}{T}$$

在电路中，电流有两种方向：实际方向和参考方向。

电流的实际方向通常规定为正电荷的运动方向。

在电路中，若想求解某一支路电流的大小，一般需要通过列写方程求解，而方程中电流前面的正、负号需要根据电流的方向确定。但是在复杂的直流电路中，往往很难预先判断出某一条支路中电流的实际方向。因此，通常的做法是在电路中任意标示出电流的方向，而将这一任意标示的方向称为参考方向(也称为正方向)。

电流的参考方向与实际方向存在两种关系：若参考方向与实际方向是一致的，则在这个参考方向的规定下，列方程求解出的电流一定是正值；反之，若参考方向与实际方向是相反的，则在这个参考方向的规定下，列方程求解出的电流一定是负值。

另外，也可以得到这样的结论：标示好参考方向后，若计算出的电流为正值，则说明该电流的实际方向与标示的电流的参考方向一致；若计算出的电流为负值，则说明该电流的实际方向与标示的参考方向相反。

因此，在电路的分析与计算中，我们通过标示出电流的参考方向→在该参考方向下列写方程→计算数值，最终才能知道该电流的大小及实际方向。

在电路中标示电流的参考方向时，可以采用箭头来表示该电流的方向，如图 1.1 所示。

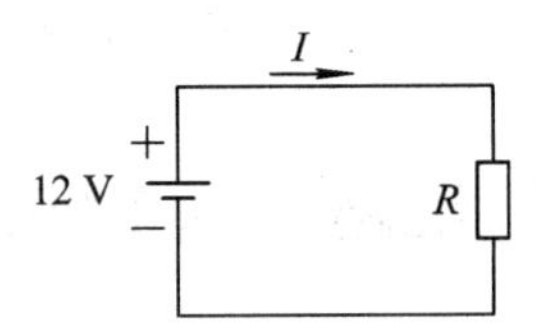

图 1.1　电流方向的表示方法

1.1.2　电压、电动势和电位

1. 电压

电压是指电场力将单位正电荷从电路的某一点移至另一点时所消耗的电能，常用单位为伏特(V)。电压的符号用 u(交流)或 U(直流)表示。

与电流一样，电压也有实际方向和参考方向之分。

电压的实际方向规定为从高电位端指向低电位端，即电位降落的方向，因此，电压也往往被称为电位降。电压的参考方向是指任意假设的方向。

在电路中标示电压的方向时，可以采用“＋”、“－”极性分别表示该端点的高、低电位；也可以用箭头来表示电压的方向，如图 1.2 所示。

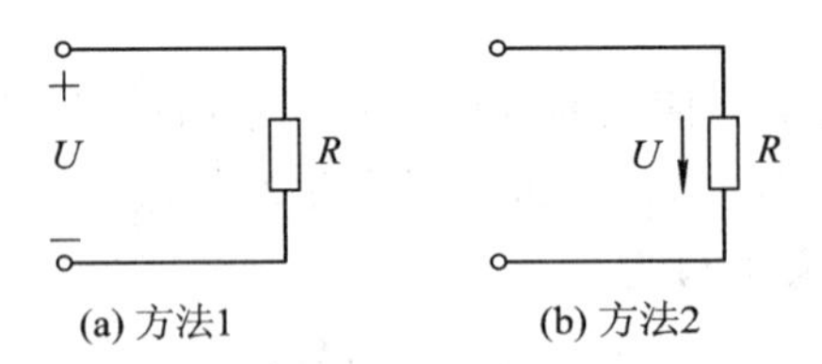

图 1.2 电压方向的两种表示方法

在电路的分析和计算中，列写电路方程之前，应在电路图中标示出未知电压的参考方向。

2. 电动势

电动势是指在电源内部，电源力推动单位正电荷从其负极(低电位端)移动到正极(高电位端)所作的功。电动势的常用单位与电压相同，也是伏特(V)。电动势的符号用 e(交流)或 E(直流)表示。

电动势的实际方向规定为从电源的低电位端指向高电位端，即电位升高的方向，这与电压方向的规定刚好相反。在电路的分析和计算中，在电路图中要标示出未知电动势的参考方向。

值得注意的是，不含内阻的电压源，其大小既可以用电动势表示，也可以用电压表示，两者数值相同；无论是用电动势还是用电压来表示直流电压源，电源的正、负极性都是恒定的。例如在图1.1所示的电路中有一个12 V的电源，12 V，既可以说电动势的大小为12 V，也可以说电源电压的大小是12 V；而电源的极性则不会因为采用电动势描述或采用电压描述发生变化，都是上为"+"、下为"−"的极性。

3. 电位

电位是指电场力将单位正电荷从电路的某一点移至参考点时所消耗的电能，常用单位为伏特(V)。电位的符号用v(交流)或V(直流)表示。

若将电路中的某一点选为参考电位点，则该点的电位一般取为零值。将电路中某一点相对于参考电位点的电压称为该点的电位。因此，电压也称电位差。电位是相对于确定的参考电位点而言的。

在同一电路中，参考电位点选得不同，则电路中各点的电位也不同；但任意两点间的电压不变，即电压的大小与参考电位点的选择无关。因此，电位的大小是相对的，电压的大小是绝对的。

一般常用以下两种方法选择参考电位点：将电气设备的机壳与大地相连接的端点作为参考电位点，称之为接地端，用符号"⏚"表示；在电子电路中，一般将与机壳或底板相连接的公共端作为参考电位点，用符号"⊥"表示。

1.1.3 电功率

电功率是指电气设备在单位时间内消耗的电能，简称功率，常用单位为瓦特(W)。电功率的符号用p(交流)或P(直流)表示。

1.1.4 电能

电能是指在时间t内转换的电功率，常用单位为焦耳(J)。在实际生活中，也常用kW·h作为电能单位，1 kW·h即为一度电。电能的符号用w(交流)或W(直流)来表示。

1.2 电路的状态

1.2.1 通路

通路是指将电源与负载接通，此时电路中会有电流的传输及能量的转换，那么电路的这一状态称为通路。如图1.3所示，若将开关S闭合，则电路为通路状态。

电路接通后，接在电路中的电气设备处于工作状态。全面考虑电气设备的可靠性、安全性、使用寿命等因素，其电压、电流和功率都有一定的限额，这些限额值就称为电气设备的额定值。电气设备的额定值一般会标示在铭牌上或写在说明书中，使用电气设备之前应先了解它的额定值。

另外，电气设备的实际测量值并不一定等于它的额定值，这是由实际的工作情况决定

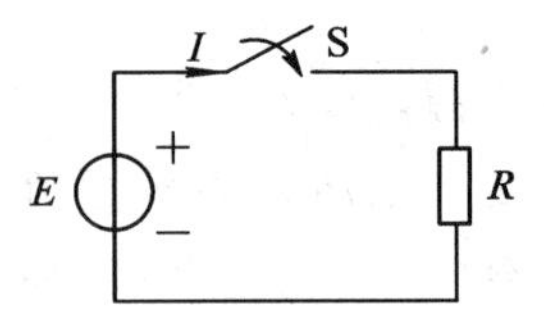

图 1.3　电路的通路状态

的。例如，一个交流 220 V、30 W 的灯，只有接在交流 220 V 的电压中，其功率值才是 30 W；若接在 110 V 的电压中，其功率只有 7.5 W。

1.2.2　开路

开路是指将电源与负载或部分电路断开，此时电路中没有电流通过，那么电路的这一状态称为开路，如图 1.4 所示。开路时，电源对外不输出电能。

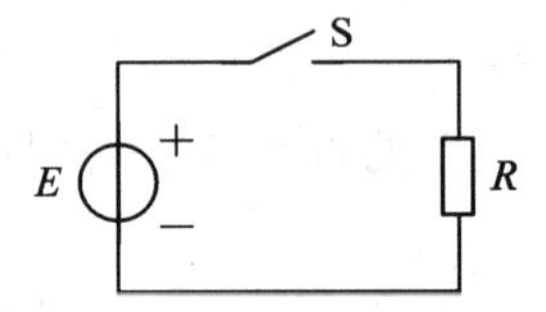

图 1.4　电路的开路状态

开路时，电路具有以下特点：开路处的电流为零；开路处的端电压大小取决于电路的具体状态。

1.2.3　短路

短路是指将部分电路的两端直接用导线连接起来，使得该部分电路的电压为零，那么将该部分电路的状态称为短路，如图 1.5 所示。

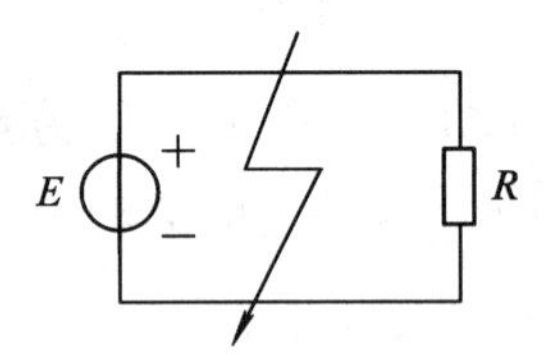

图 1.5　电路的短路状态

短路时，电路具有以下特点：短路处的电压为零；短路处的电流大小取决于电路的具体状态。

另外注意：一般短路时，电路中的电流比正常电流大很多，时间长时会引起设备烧毁或发生火灾，因此在工作中，应尽量避免发生短路事故。

1.3　欧 姆 定 律

通常流过电阻的电流与电阻两端的电压成正比，这就是欧姆定律。欧姆定律是分析电路的基本定律之一。欧姆定律可以用下式表示：

$$R = \pm \frac{U}{I} \tag{1.1}$$

式中，R 为该段电路的电阻。

电阻的常用单位是欧姆(Ω)，此外，还有千欧(kΩ)和兆欧(MΩ)，$1\ k\Omega = 10^3\ \Omega$，$1\ M\Omega = 10^6\ \Omega$。

欧姆定律中的正、负号的使用是这样规定的：若电阻的端电压的参考方向与流经该电阻的电流的参考方向是关联一致的，则用正号；反之，用负号。

那么，什么是电压与电流的参考方向关联一致呢？

在前面介绍电流和电压的方向时，曾经给出了参考方向的定义，即任意标示的方向。在电路中，若元件两端的电压的参考方向与流经该元件的电流的参考方向如图 1.6 所示，则表示电压与电流的参考方向关联一致。除此之外的标示方向，都是关联不一致的参考方向。

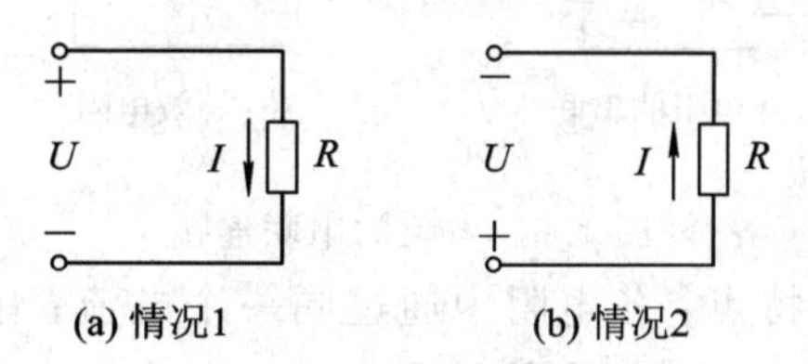

图 1.6 参考方向关联一致的两种情况

另外，有时需要判断电路中的某一元件是电源还是负载，可以根据功率的计算结果判断。电路中所指的电源是指输出(发出、产生)电功率的元件；负载是指取用(吸收、消耗)电功率的元件。

功率的计算公式如下：

$$P = \pm UI \tag{1.2}$$

公式(1.2)中正、负号的选择：当 U 与 I 的参考方向关联一致时，用正号；反之，用负号。另外，该公式中的 U 和 I，其本身的数值也可以为正值或负值，这是由它们的实际方向与参考方向是否一致而决定的。

最后，根据计算出的功率值的正、负来判断该元件是电源或负载，若 $P>0$，则说明该元件是负载；若 $P<0$，则说明该元件是电源。

【例 1.1】 在图 1.7 所示的电路中，已知 U_{S1}、U_{S2} 和 I 均为正值。试问哪一个电源是吸收功率的？

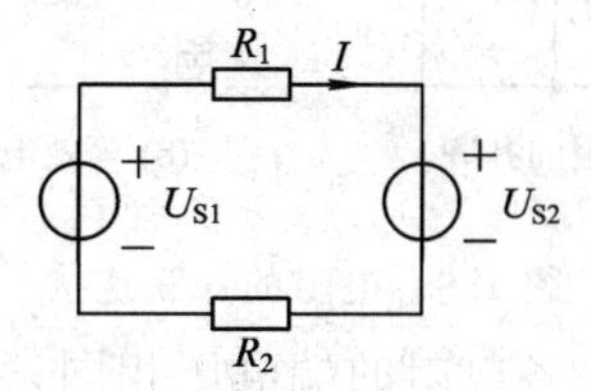

图 1.7 例 1.1 图

解 根据功率的计算公式 $P = \pm UI$，那么

(1) 对于电源 U_{S1}，功率 $P_{S1} = -U_{S1} I < 0$，所以 U_{S1} 是电源，即发出功率的元件。

(2) 对于电源 U_{S2}，功率 $P_{S2}=U_{S2}I>0$，所以 U_{S2} 是负载，即吸收功率的元件。

1.4 电阻的串、并联连接

1.4.1 电阻的串联连接

电阻的串联连接是指两个或两个以上的电阻顺序相连，如图 1.8(a)所示。

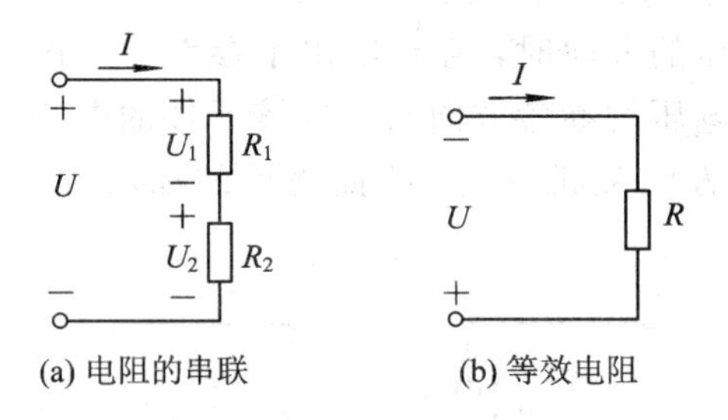

图 1.8 电阻的串联连接

串联连接的电阻有如下特点：各电阻中通过同一个电流；串联连接的电阻可以用一个等效电阻替换，如图 1.8(b)所示，这个等效电阻等于各串联电阻之和，即

$$R=R_1+R_2 \tag{1.3}$$

另外，当两个电阻串联连接时，各电阻的端电压可以通过以下分压公式得到：

$$U_1=IR_1=\frac{R_1}{R_1+R_2}U \tag{1.4}$$

$$U_2=IR_2=\frac{R_2}{R_1+R_2}U \tag{1.5}$$

1.4.2 电阻的并联连接

电阻的并联连接是指两个或两个以上的电阻分别连接在两个公共端之间，如图 1.9(a)所示。

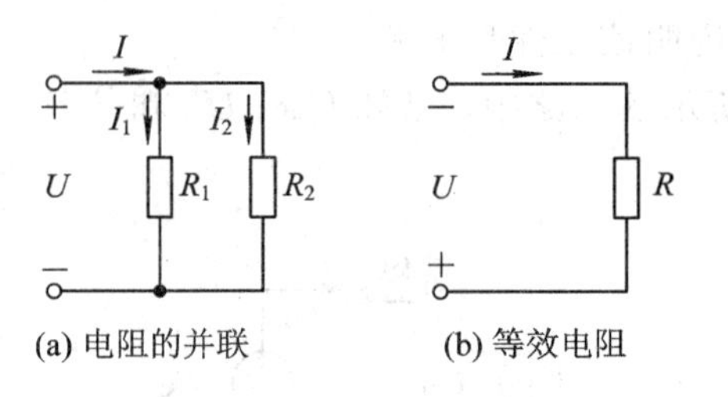

图 1.9 电阻的并联连接

并联连接的电阻有如下特点：各电阻的端电压相同；并联连接的电阻可以用一个等效电阻替换，如图 1.9(b)所示，这个等效电阻的倒数等于各并联电阻的倒数之和，即

$$\frac{1}{R}=\frac{1}{R_1}+\frac{1}{R_2} \quad 或 \quad R=\frac{R_1R_2}{R_1+R_2} \tag{1.6}$$

另外，当两个电阻并联连接时，各电阻中的电流可以通过以下分流公式得到：

$$I_1 = \frac{U}{R_1} = \frac{IR}{R_1} = \frac{R_1 R_2}{R_1 + R_2} \frac{I}{R_1} = \frac{R_2}{R_1 + R_2} I \tag{1.7}$$

$$I_2 = \frac{U}{R_2} = \frac{R_1}{R_1 + R_2} I \tag{1.8}$$

1.5　理想电源

1.5.1　理想电压源

理想电压源又称为恒压源，是指可以提供一个固定电压 U_S的电源，如图 1.10(a)所示。理想电压源的伏安特性曲线如图 1.10(b)所示，从伏安特性曲线可以知道，理想电压源的特点有以下两点：

(1) 理想电压源的端电压 U 恒等于电源的电压 U_S，与输出电流和外电路的情况无关。

(2) 理想电压源的输出电流 I 与输出电压和外电路的情况有关，可随外电路的变化而变化。

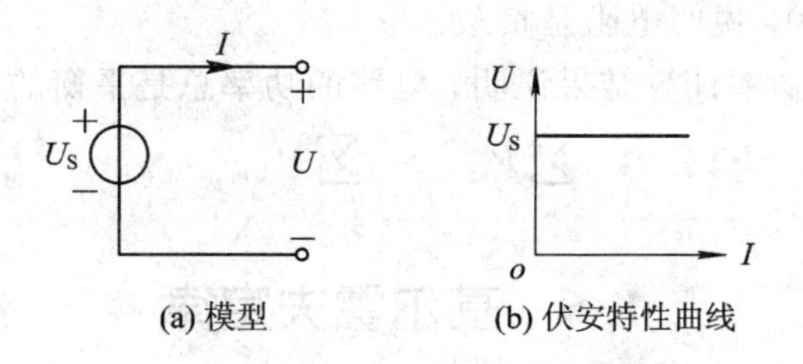

图 1.10　理想电压源

1.5.2　理想电流源

理想电流源又称为恒流源，是指可以提供一个固定电流 I_S的电源，如图 1.11(a)所示。理想电流源的伏安特性曲线如图 1.11(b)所示，从伏安特性曲线可以知道，理想电流源的特点有以下两点：

(1) 理想电流源的输出电流 I 恒等于电源的电流 I_S，与端电压和外电路的情况无关。

(2) 理想电流源的端电压 U 与输出电流和外电路的情况有关，可随外电路的变化而变化。

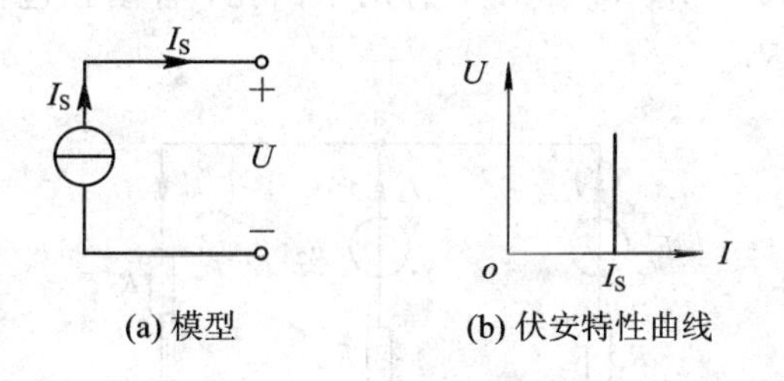

图 1.11　理想电流源

【例 1.2】　在图 1.12 中，已知 $U_S=4$ V，$I_S=5$ A，$R=1$ Ω。

(1) 求电压源中的电流和电流源的端电压。

(2) 说明电路中哪一个元件是电源，哪一个元件是负载？

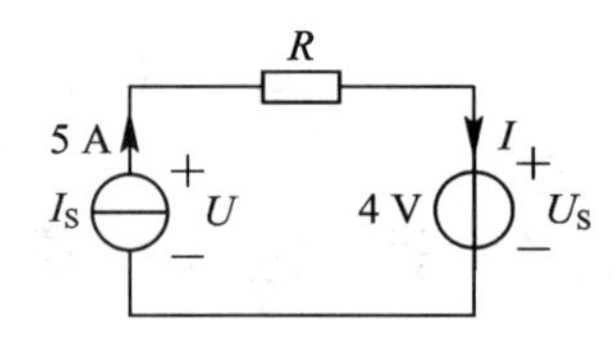

图 1.12　例 1.2 图

解　(1) 由于电压源与电流源串联，因此

$$I = I_S = 5\ \text{A}$$

根据电流的方向列出方程，得

$$U = RI + U_S = 9\ \text{V}$$

(2) 根据功率的计算公式 $P=\pm UI$，则

$P_{U_S}=U_S I=20\ \text{W}>0$，说明恒压源是负载。

$P_{I_S}=-U I_S=-45\ \text{W}<0$，说明恒流源是电源。

$P_R=RI^2=25\ \text{W}>0$，说明电阻是负载。

由电路中各元件的功率计算结果说明，电路的功率总是平衡的，即

$$\sum P_{\text{吸收}} = \sum P_{\text{发出}}$$

1.6　基尔霍夫定律

基尔霍夫定律是电路的重要定律之一。基尔霍夫定律包括基尔霍夫电流定律和基尔霍夫电压定律。在介绍基尔霍夫定律之前，先介绍电路的几个基本概念。

电路的每一分支称为**支路**，同一支路中各元件流过相同的电流。

三条或三条以上的支路相连接的点称为**结点**。

电路中每一闭合路径形成的电路称为**回路**。

单孔回路称为**网孔**。

对图 1.13 分析可知，该电路有两个结点，分别为 a 和 b；有三条支路，各条支路包含的电路元件分别为 E_1 和 R_1、E_2 和 R_2、R_3；有三个回路，各回路包含的电路元件分别为 E_1、R_1、R_2 和 E_2，E_2、R_2 和 R_3，E_1、R_1 和 R_3；有两个网孔，各网孔包含的电路元件分别为 E_1、R_1、R_2 和 E_2，E_2、R_2 和 R_3。

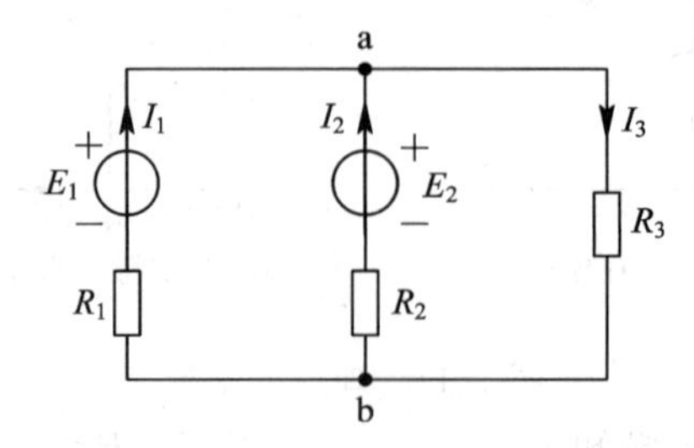

图 1.13　基尔霍夫定律

根据基尔霍夫电流定律可针对电路的结点列写出电流方程；根据基尔霍夫电压定律则可针对电路的回路列写出电压方程。

1.6.1 基尔霍夫电流定律(KCL)

由于电路中的电流是由不断流动的电荷形成的，因此在电路的任何点(包括结点)，电荷都不能发生堆积现象，否则无法保证电荷的流动性。

基尔霍夫电流定律就是对这一现象作出的描述：在任意时刻，流入某一结点的电流之和等于流出该结点的电流之和。

根据基尔霍夫电流定律的表述，对图 1.13 中的 a 结点可以列写如下方程：

$$I_1 + I_2 = I_3 \tag{1.9}$$

式(1.9)也可以写为

$$I_1 + I_2 - I_3 = 0 \tag{1.10}$$

因此，得到基尔霍夫电流定律的第二种表述：在任意时刻，某一结点的电流的代数和恒等于零。其中电流前面的正、负号这样规定：流入结点的电流，前面用正号；流出结点的电流，前面用负号。

基尔霍夫电流定律描述了与电路中某一结点相连接的各条支路电流之间的相互约束关系。除此之外，基尔霍夫电流定律还可以推广应用于电路的广义结点。所谓的广义结点，是指电路中任何一个假定的闭合面。

如图 1.14 所示，虚线圈起来的电路是一个闭合面，可将这个闭合面视为广义结点，则针对该闭合面，同样可以用基尔霍夫电流定律来描述，即流入该闭合面的电流等于流出该闭合面的电流。因此有

$$I_1 + I_2 + I_3 = 0 \tag{1.11}$$

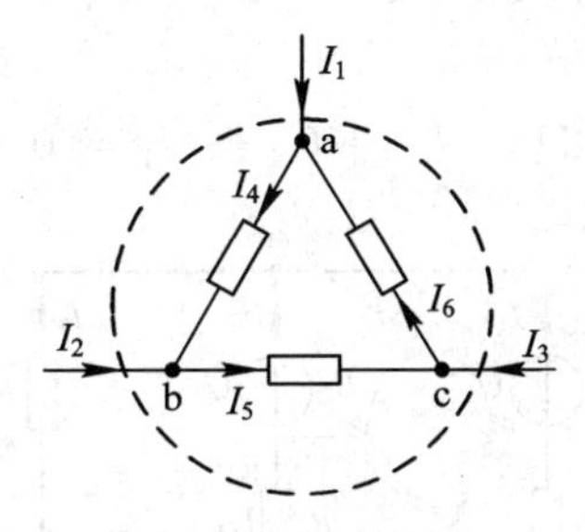

图 1.14 广义结点的基尔霍夫电流定律

【例 1.3】 在图 1.14 所示的电路中，已知 $I_1=6$ A，$I_4=2$ A，$I_5=-3$ A 。试求 I_2、I_3 和 I_6。

解 根据图中标示的各电流的参考方向，对结点 a、b、c 分别应用基尔霍夫电流定律，因此有

a 结点：$I_6=I_4-I_1=2-6=-4$ A

b 结点：$I_2=I_5-I_4=-3-2=-5$ A

c 结点：$I_3=I_6-I_5=(-4)-(-3)=-1$ A

另外，也可以对图中的广义结点应用基尔霍夫电流定律，可得

$$I_3=-I_1-I_2=-6-(-5)=-1 \text{ A}$$

与上面通过 c 结点计算出 I_3的结果一致。

【例 1.4】 在图 1.15 中，求 2 Ω 电阻中的电流。

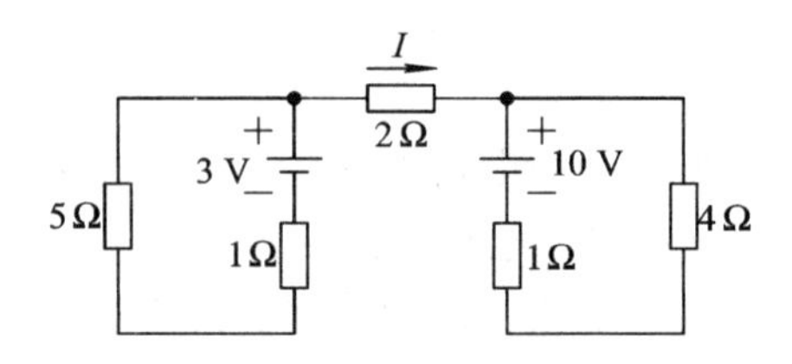

图 1.15 例 1.4 图

解 将右网孔视为一个广义结点(左网孔同样也是一个广义结点)，则与该广义结点相连接的支路只有 2 Ω 电阻所在的支路。那么，该支路中的电流只有为零时，才能保证此广义结点上的电流的代数和恒等于零。因此

$$I = 0$$

1.6.2 基尔霍夫电压定律(KVL)

电路中任意一点的电位，在任意某一时刻都是唯一、不变的，也就是说，电路中任意一点的瞬时电位具有单值性。

基尔霍夫电压定律就是对这一现象作出的描述：在任意时刻，从电路的任意一点出发，以顺时针或逆时针方向沿回路循行一周，则在这个方向上的电位升之和等于电位降之和。

根据基尔霍夫电压定律的表述，对图 1.16 中的左网孔，按照顺时针的循行方向可以列出如下方程：

$$U_2 + U_4 = U_3 + U_1 \tag{1.12}$$

式(1.12)也可以写为

$$U_2 - U_3 + U_4 - U_1 = 0 \tag{1.13}$$

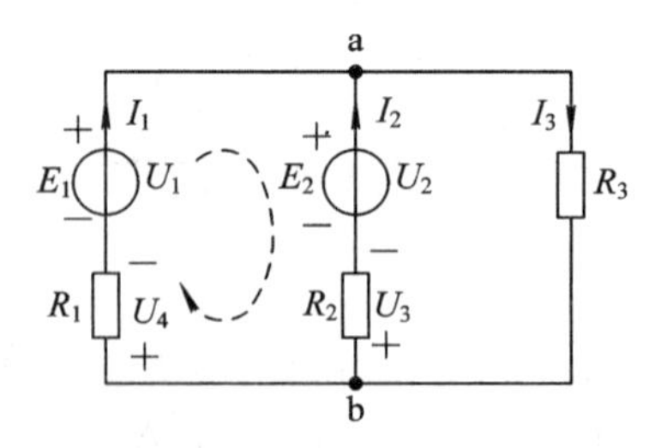

图 1.16 基尔霍夫电压定律

由此，也可得到基尔霍夫电压定律的第二种表述：在任意时刻，从电路的任意一点出发，以顺时针或逆时针方向沿回路循行一周，则各段电压的代数和恒为零。可以规定：与循行方向一致的电位降前面用正号；与循行方向一致的电位升前面用负号。

在图 1.16 中，由于电源的电动势与其电压大小相同，因此电压可以用对应的电动势表示；根据欧姆定律，还可以写出电阻元件 R_1和 R_2的电压与电流的表达形式，由于图中标示的 R_1和 R_2的端电压与流过的电流的参考方向关联一致，故式(1.13)可以写为

$$E_2 - R_2 I_2 + R_1 I_1 - E_1 = 0 \tag{1.14}$$

若对右网孔，也按顺时针的循行方向列写电压方程，可以写为

$$R_3 I_3 + R_2 I_2 - U_2 = 0$$

当然，也可以写为

$$R_3 I_3 + R_2 I_2 - E_2 = 0$$

基尔霍夫电压定律描述了回路中各段电压之间的相互约束关系。除此之外，基尔霍夫电压定律还可以推广应用于部分回路。

如图1.17所示，这是一个部分回路(与此部分回路相连接的左半部分回路没有画出)，按照图中虚线标出的循行方向及电流与电压的参考方向，根据基尔霍夫电压定律可以列写出如下方程：

$$E + RI - U_{ab} = 0 \tag{1.15}$$

整理得到

$$U_{ab} = E + IR \tag{1.16}$$

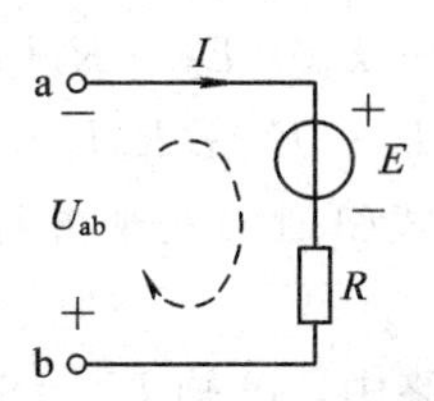

图1.17 部分回路的基尔霍夫电压定律

【例1.5】 在图1.18所示的电路中，已知 $E_1=12$ V，$E_2=2$ V，$U_1=-6$ V，$U_2=6$ V，$U_3=-3$ V。试求 U_4 和 U_{ad}。

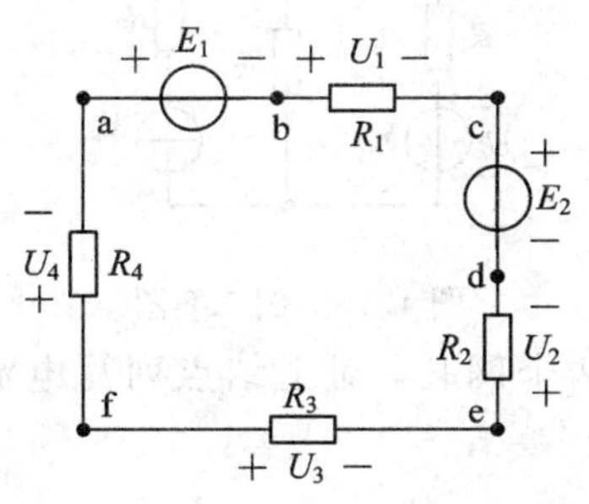

图1.18 例1.5图

解 (1) 根据基尔霍夫电压定律，按顺时针方向循行一周，列写回路电压方程为

$$E_1 + U_1 + E_2 - U_2 - U_3 + U_4 = 0$$

整理并计算得

$$U_4 = -E_1 - U_1 - E_2 + U_2 + U_3 = -12 - (-6) - 2 + 6 + (-3) = -5\ \text{V}$$

(2) 对部分回路应用基尔霍夫电压定律，可以求出 U_{ad}。

若按顺时针方向循行，列写的电压方程为

$$U_{ad} = E_1 + U_1 + E_2 = 12 + (-6) + 2 = 8\ \text{V}$$

若按逆时针方向循行，列写的电压方程为

$$U_{ad} = -U_4 + U_3 + U_2 = -(-5) + (-3) + 6 = 8\ \text{V}$$

比较上面 U_{ad} 的计算值，发现 U_{ad} 在两种循行方向下的的计算结果相同，说明计算电压的大小与选择的循行方向无关。

1.7 支路电流法

支路电流法是通过应用基尔霍夫电流定律和基尔霍夫电压定律列出有效的电路方程，从而求解未知电流的方法。

在图 1.13 中，根据基尔霍夫电流定律，分别对结点 a、b 列写电流方程，得

$$I_1 + I_2 - I_3 = 0 \tag{1.17}$$

$$I_3 - I_1 - I_2 = 0$$

比较上面两个公式，发现只有一个方程是独立的。对于有 n 个结点的电路而言，根据基尔霍夫电流定律只能列写出 $n-1$ 个独立的电流方程。

根据基尔霍夫电压定律，再对图 1.13 中的两个网孔列写电压方程(循行方向均为顺时针方向)，得

$$R_1 I_1 - E_1 + E_2 - R_2 I_2 = 0 \tag{1.18}$$

$$R_2 I_2 - E_2 + R_3 I_3 = 0 \tag{1.19}$$

那么，将式(1.17)、式(1.18)和式(1.19)三个方程联立起来，就可以求得三条支路中的电流了。

【例 1.6】 在图 1.19 所示的电路中，已知 $U_S=8$ V，$I_S=2$ A，$R_1=1\ \Omega$，$R_2=1\ \Omega$，$R_3=2\ \Omega$。求各支路的电流。

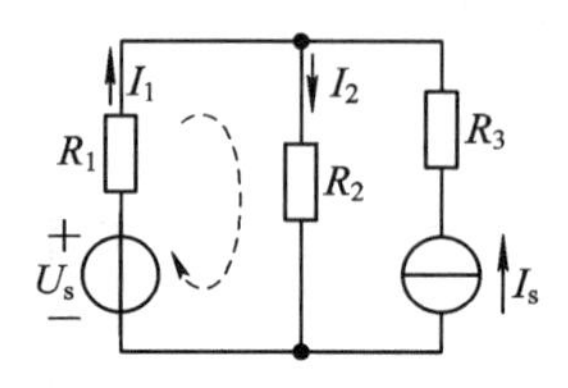

图 1.19　例 1.6 图

解　该电路有两个结点、两个网孔，对上结点列写电流方程和对左网孔列写电压方程，得

$$I_1 + I_S = I_2$$

$$R_2 I_2 - U_S + R_1 I_1 = 0$$

联立方程并代入数据，得

$$I_1 = 3\ \text{A}, \quad I_2 = 5\ \text{A}$$

由于恒流源的端电压是未知的，因此根据基尔霍夫电压定律列写方程时，应尽量选择不包含恒流源的回路。若实在无法避开恒流源，则应先假设出恒流源的端电压，再列写电压方程。由于恒流源的端电压是未知量，因此需要多列出一个独立的电压方程，才能解出所有的未知量。

1.8 叠加原理

在多个电源同时作用的线性电路中，任何支路的电流(或任意两个端点之间的电压)都

可以看成是由电路中各个电源单独作用时，在这条支路所产生的电流（或电压）的代数和，这就是叠加原理。

叠加原理中的“各个电源单独作用”是指当某一个电源作用时，其他电源均为零，即将理想电压源短路，使其电动势为零；理想电流源开路，使其电流为零，但若它们有内阻，则应当保留。

叠加原理中的“代数和”是指当各个电源单独作用时，各支路电流（电压）的参考方向若与原电路中该支路电流的参考方向一致，则该电流前面取正号；否则，该电流前面取负号。

使用叠加原理求解图 1.20(a)中的支路电流 I_1和 I_2的步骤如下：

(1) 将图 1.20(a)中的电流源作断路处理（电压源不变），如图(b)所示，在此图中求出对应的支路电流 I_1'和 I_2'，即

$$I_1' = I_2' = \frac{U_S}{R_1 + R_2} \tag{1.20}$$

(2) 将图 1.20(a)中的电压源作短路处理（电流源不变），如图(c)所示，求出对应的支路电流 I_1''和 I_2''，即

$$\begin{cases} I_1'' = \dfrac{R_2}{R_1 + R_2} I_S \\ I_2'' = \dfrac{R_1}{R_1 + R_2} I_S \end{cases} \tag{1.21}$$

(3) 根据叠加原理中正、负号的规定，通过下式求解出电流 I_1和 I_2。

$$\begin{cases} I_1 = I_1' - I_1'' \\ I_2 = I_2' + I_2'' \end{cases} \tag{1.22}$$

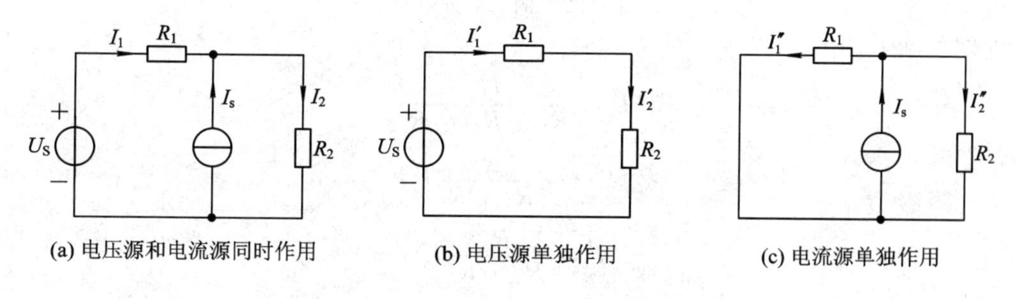

(a) 电压源和电流源同时作用　(b) 电压源单独作用　(c) 电流源单独作用

图 1.20　叠加原理

用叠加原理计算电路，实际上就是把一个多电源的复杂电路分解为由几个单电源组成的简单电路来计算。

应用叠加原理需要注意以下几个问题：

(1) 叠加原理只适用于线性电路，对非线性电路不能使用。

(2) 使用叠加原理分析各个电源单独作用时，需要画出各个电源单独作用时的电路图，并在各电路图中标出电流（或电压）的参考方向，电路的结构和其他参数都不变。另外注意，在各电路图中标示电流（或电压）时，应加“′”或“″”的上角标，从而与原电路的电流（或电压）加以区别。

(3) 最后求叠加的代数和时，应注意各个电源单独作用时的电流（或电压）的参考方向与原电流（或电压）的参考方向是否一致，当一致时前面取正号，不一致时前面取负号。

(4) 叠加原理只能用于电流(或电压)的计算，不能用于功率的求解。例如，在图 1.20 中计算 R_2 的功率 P_2，则有

$$P_2 = I_2{}^2 R_2 = (I'_2 + I''_2)^2 R_2$$
$$\neq (I'_2)^2 R_2 + (I''_2)^2 R_2 = (P'_2)^2 + (P''_2)^2$$

【例 1.7】 电路如图 1.21 所示，已知 $U_S = 12\ \text{V}$，$I_S = 6\ \text{A}$，$R_1 = 4\ \Omega$，$R_2 = 4\ \Omega$，$R_3 = 4\ \Omega$。试用叠加原理求各支路的电流。

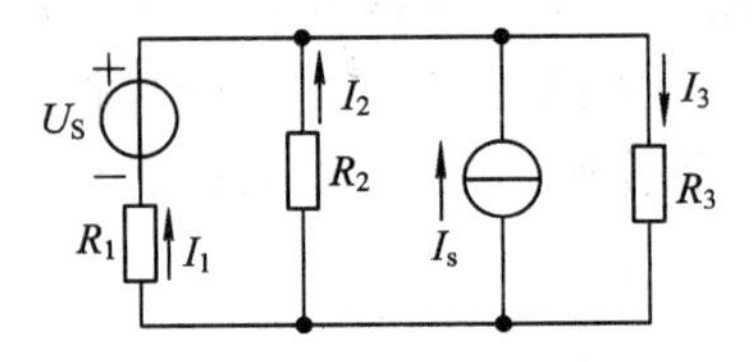

图 1.21　例 1.7 图

解　根据叠加原理，图 1.21 所示的电路可以分解为如图 1.22(a)、(b)所示的两个电路。在图 1.22(a)、(b)中，分别求出各支路的电流。

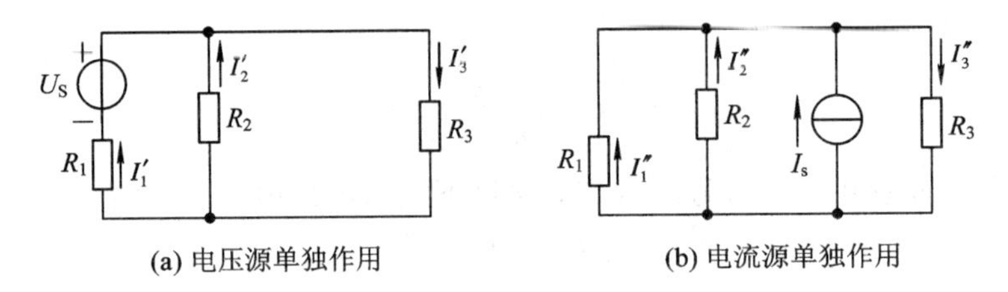

图 1.22　例 1.7 分解图

在图 1.22(a)中，

$$I'_1 = \frac{U_S}{R_1 + R_2 \mathbin{/\!/} R_3}$$

$$I'_2 = -\frac{R_3}{R_2 + R_3} I'_1$$

$$I'_3 = \frac{R_2}{R_2 + R_3} I'_1$$

代入数据，得

$$I'_1 = 2\ \text{A},\quad I'_2 = -1\ \text{A},\quad I'_3 = 1\ \text{A}$$

在图 1.22(b)中，

$$I''_3 = \frac{R_1 \mathbin{/\!/} R_2}{R_3 + R_1 \mathbin{/\!/} R_2} I_S$$

$$I''_2 = -\left(\frac{R_3}{R_3 + R_1 \mathbin{/\!/} R_2} I_S\right)\frac{R_1}{R_1 + R_2}$$

$$I''_1 = -\left(\frac{R_3}{R_3 + R_1 \mathbin{/\!/} R_2} I_S\right)\frac{R_2}{R_1 + R_2}$$

代入数据，得

$$I''_1 = -2\ \text{A},\quad I''_2 = -2\ \text{A},\quad I''_3 = 2\ \text{A}$$

因此，所求电流为

$$I_1 = I_1' + I_1'' = 0\ \text{A}$$
$$I_2 = I_2' + I_2'' = -3\ \text{A}$$
$$I_3 = I_3' + I_3'' = 3\ \text{A}$$

1.9 等效电源定理

在计算复杂电路中的某一支路的电流(或某一元件两端的电压)时，常常应用等效电源定理来求解。等效电源定理包括戴维宁定理和诺顿定理。

在介绍等效电源定理之前，先介绍以下几个概念。

二端网络：具有两个出线端的部分电路，如图 1.23 所示。

有源二端网络：含有电源(电压源、电流源)的二端网络，如图 1.23(a)所示。

无源二端网络：不含电源的二端网络，如图 1.23(b)所示。

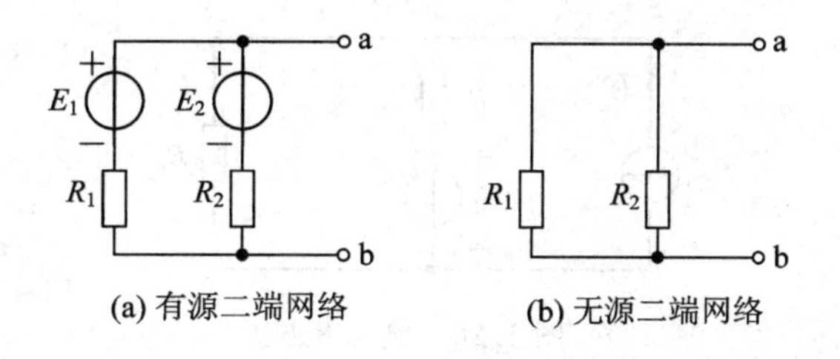

图 1.23 二端网络

1.9.1 戴维宁定理

任何一个有源二端线性网络，都可以用一个电压为 U_0 的恒压源和内阻 R_0 串联的电压源来等效代替(如图 1.24 所示)，这就是戴维宁定理。等效电源的电压 U_0 就是有源二端网络的开路电压 U_{OC}(如图 1.25(a)所示)；等效电源的内阻 R_0 等于有源二端网络中所有电源均除去(电压源短路、电流源开路)后所得到的无源二端网络 a、b 两端之间的等效电阻(如图 1.25(b)所示)。

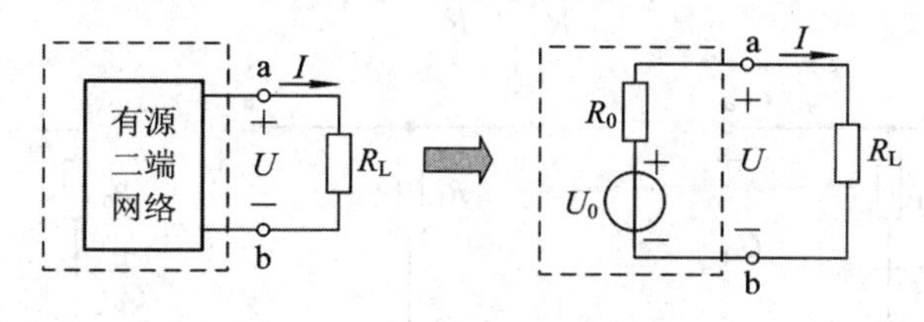

图 1.24 戴维宁定理等效电路

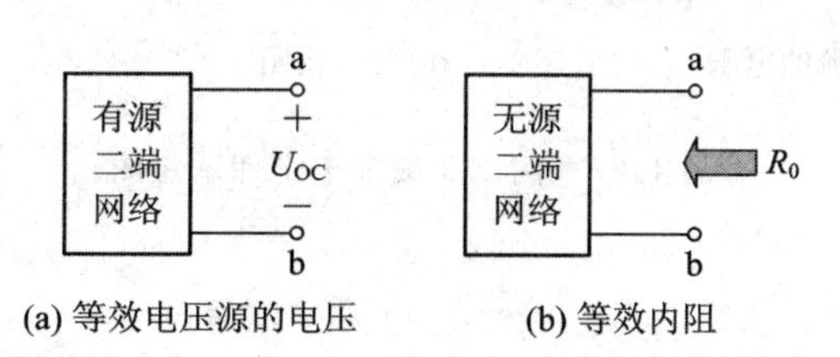

图 1.25 戴维宁定理示意图

注意:“等效”是对外电路 R_L 而言的，其端电压 U 及流过的电流 I 均不变时，才称之为“等效”。

应用戴维宁定理需要注意以下几个方面：

(1) 将待求支路(即待求电流或电压所在的支路)从原电路中拿掉，剩下的电路即为有源二端网络。该有源二端网络开路端的电压就是等效电压源的电压，开路电压的参考方向应与待求电流方向一致。

(2) 将有源二端网络转化为无源二端网络求等效电阻时，需要将电压源短路、电流源开路，但电路的结构和其他参数都不变。

(3) 最后在画出等效电路图时，应将拿掉的待求支路与等效电源画在一起，在此电路中，求解待求电流或电压。

下面举例说明应用戴维宁定理解题的一般步骤。

【例 1.8】 在图 1.26 所示的电路中，已知 $I_S=6$ V，$U_S=8$ V，$R_1=2$ Ω，$R_2=3$ Ω。求 R_2所在支路的电流 I。

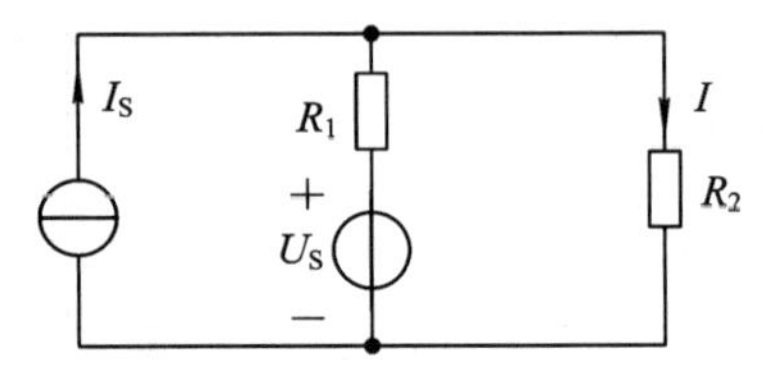

图 1.26　例 1.8 图

解　(1) 将待求支路拿掉，则剩下的电路成为有源二端网络，如图 1.27(a)所示。在该电路中，求解开路端 a、b 两点之间的开路电压 U_{OC}(即为等效电源的电压 U_0)。

$$U_{OC} = I_S R_1 + U_S = 20 \text{ V}$$

(2) 将有源二端网络化为无源二端网络(电压源短路、电流源开路)，如图 1.27(b)所示，在开路端求等效电阻 R_0。

$$R_0 = R_1 = 2 \ \Omega$$

(3) 画出等效电路图(如图 1.27(c)所示)，求待求的电流 I。

$$I = \frac{U_0}{R_0 + R_2} = 4 \text{ A}$$

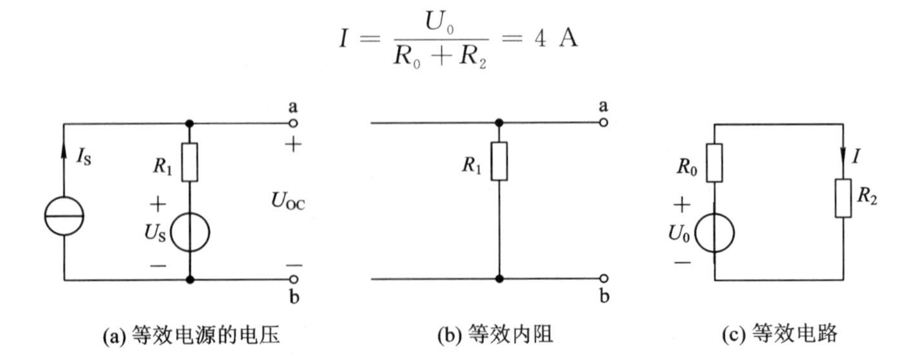

图 1.27　例 1.8 戴维宁定理示意图

1.9.2　诺顿定理

任何一个有源二端线性网络都可以用一个电流为 I_S的恒流源和内阻 R_0并联的电流源

来等效代替(如图1.28所示)，这就是诺顿定理。等效电流源 I_S 就是有源二端网络短路后的短路电流 I_{SC}(如图1.29(a)所示)；等效电源的内阻 R_0 等于有源二端网络中所有电源均除去(电压源短路、电流源开路)后所得到的无源二端网络a、b端之间的等效电阻(如图1.29(b)所示)。

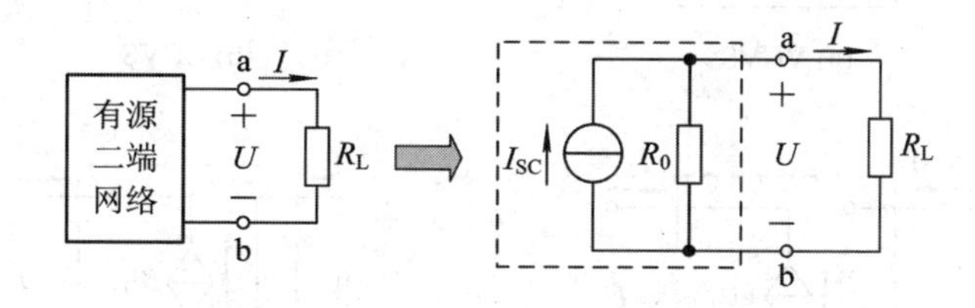

图1.28　诺顿定理等效电路

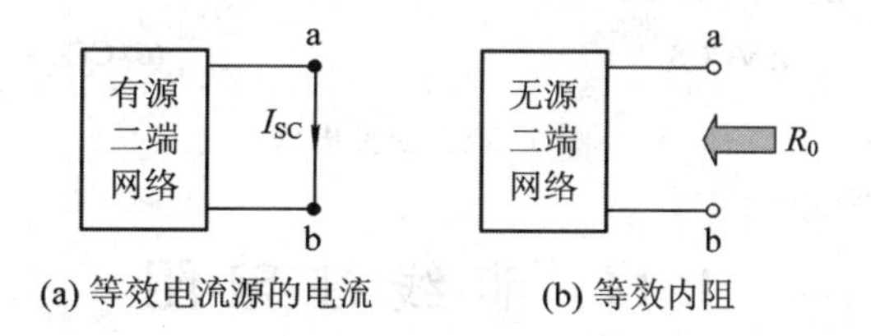

图1.29　诺顿定理示意图

应用诺顿定理需要注意以下几个方面：

(1) 将待求支路(即待求电流或电压所在的支路)从原电路中拿掉，剩下的电路即为有源二端网络，该有源二端网络开路端短路后，其中的电流就是等效电流源的电流，短路电流的参考方向应与待求电流方向一致。

(2) 将有源二端网络转化为无源二端网络求等效电阻时，需要将电压源短路、电流源开路，但电路的结构和其他参数都不变。

(3) 最后在画出等效电路图时，应将拿掉的待求支路与等效电源画在一起，在此电路中，求解待求电流或电压。

1.10　受控电源

前面所讨论的电压源或电流源都是独立源，即电压源的电压和电流源的电流都是不受外电路的控制而独立存在的。此外，电路中还可能遇到另外一种电源：电压源的电压和电流源的电流并不是独立存在的，其大小和方向是要受到电路中其他电压或电流控制的。这种电源称为受控电源(简称受控源)。

根据受控源是电压还是电流，以及控制量是电压还是电流，将受控源分为以下四种类型：电压控制电压源(VCVS)、电流控制电压源(CCVS)、电压控制电流源(VCCS)、电流控制电流源(CCCS)，如图1.30所示。

值得注意的是，受控电源应当用菱形符号表示，以便与独立电源的圆形符号相区别。另外，如果控制量与被控制量之间是正比的关系，则这种关系是线性的，即图中的 μ、γ、g、β 都是常数。其中，μ 和 β 的量纲一致，都为1；γ 是电阻的量纲；g 是电导的量纲。

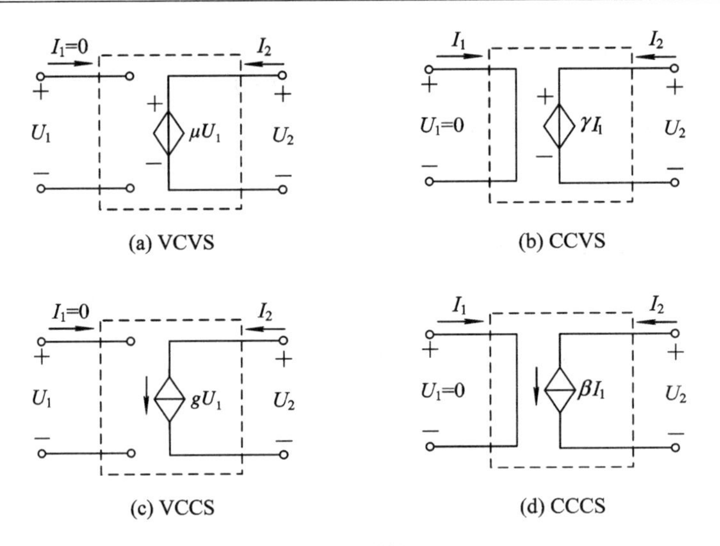

图 1.30　受控电源

1.11　非线性电阻

线性电阻是指电阻值为一个常数且电阻的大小与电压和电流都无关的电阻。线性电阻两端的电压和通过它的电流成正比，即符合欧姆定律：

$$R = \frac{U}{I}$$

线性电阻的伏安特性曲线是一条直线，如图 1.31 所示。

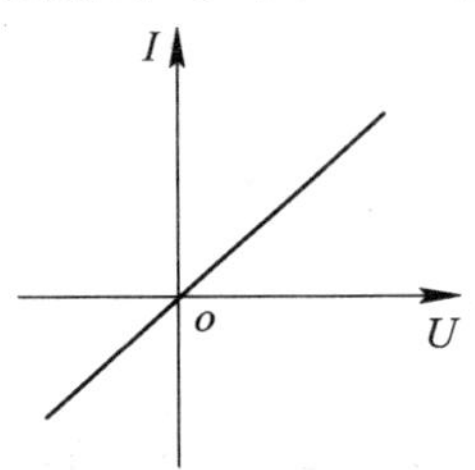

图 1.31　线性电阻的伏安特性曲线

非线性电阻是指电阻值不是常数且电阻的大小将随着电压或电流的变化而变化的电阻，即非线性电阻两端的电压和通过它的电流不成正比。

非线性电阻的伏安特性曲线不是一条直线，一般不能用数学表达式表示出来，而是通过实验的方式测量得出的。图 1.32 所示的是二极管的伏安特性曲线。

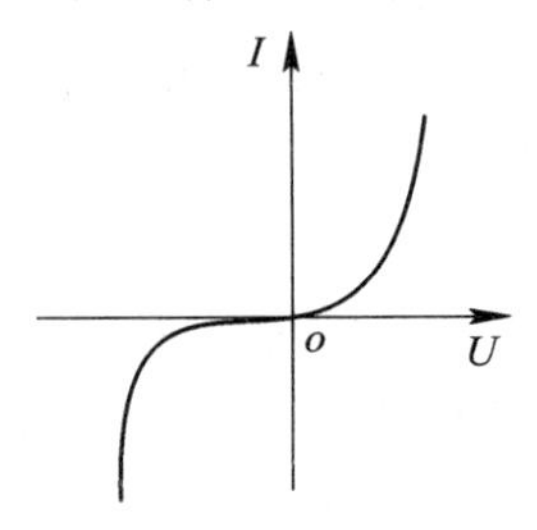

图 1.32　二极管的伏安特性曲线

非线性电阻的图形符号如图1.33所示。

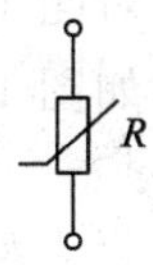

图1.33 非线性电阻的符号

若电路中只含有一个非线性电阻时，在对该电路进行分析前，可以先简化电路，即先将非线性电阻从原电路中拿掉，再利用戴维宁定理对剩下的线性有源二端网络进行等效，由此可以化简电路。简化的电路如图1.34(a)所示。

在非线性电路中，如何求解电路中的电流呢？

由于非线性电阻的阻值不是常数，因此在求解含有非线性电阻的电路时，常采用图解法，即先作出非线性电阻的伏安特性曲线$U=f(I)$，再根据基尔霍夫电压定律列写出非线性电阻接在某一电路中的电压方程$U=f(I)$(在图1.34(a)所示的电路中，可以列写出电压方程$U=U_S-IR_0$)，将此方程所代表的直线也作在伏安特性曲线中，则两者的交点Q所对应的电流即为所求的电流，如图1.34(b)所示。

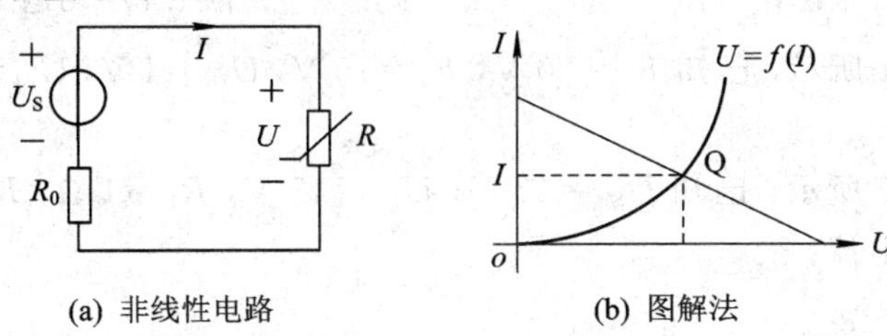

图1.34 简化电路

习 题 1

1-1 应用欧姆定律对图1.35所示的电路列出式子，并求电阻R。

1-2 如图1.36所示，已知电路中的U_{S1}、U_{S2}和I均为正值。试问吸收功率的电源是哪一个？

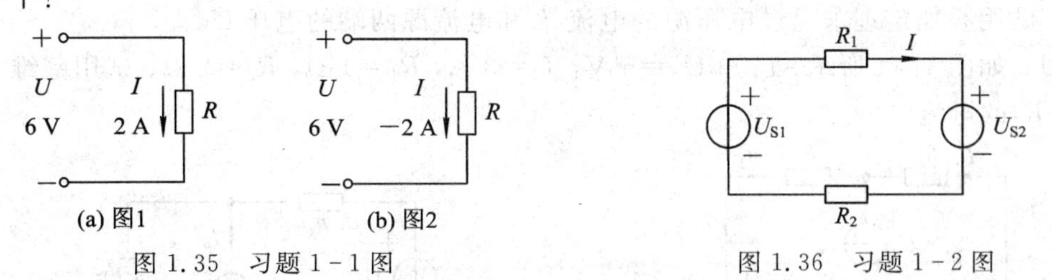

图1.35 习题1-1图 图1.36 习题1-2图

1-3 试写出图1.37所示电路中电压源的电流及电流源两端的电压的表达式。

1-4 如图1.38所示，已知$I_1=3$ A，$I_4=-5$ A，$I_5=8$ A。试求I_2、I_3和I_6。

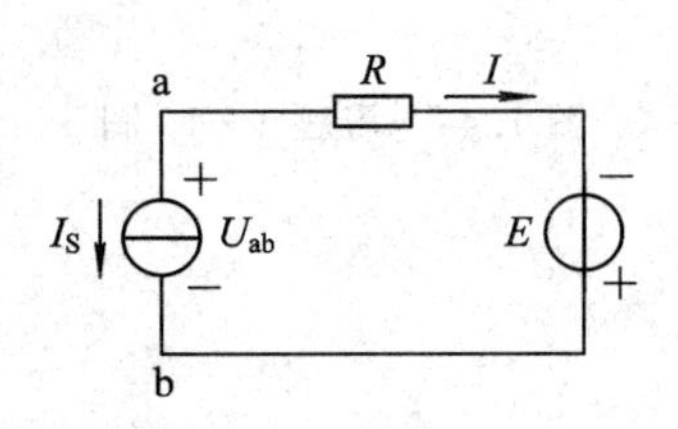

图1.37 习题1-3图

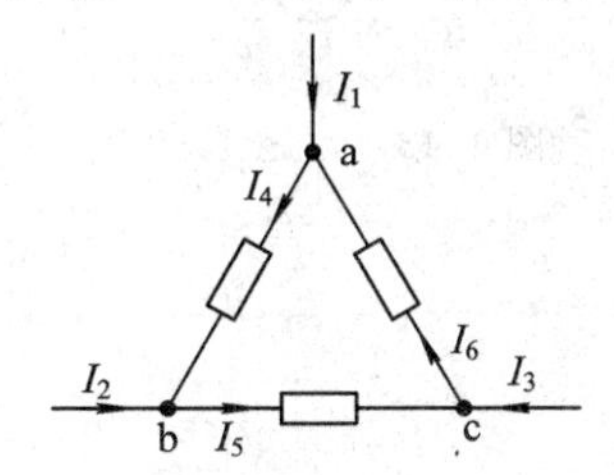

图1.38 习题1-4图

1-5　对图 1.39 所示电路的各回路列写基尔霍夫电压定律。

1-6　如图 1.40 所示，试求 a、b、c、d 各点对应的电位 V_a、V_b、V_c、V_d。

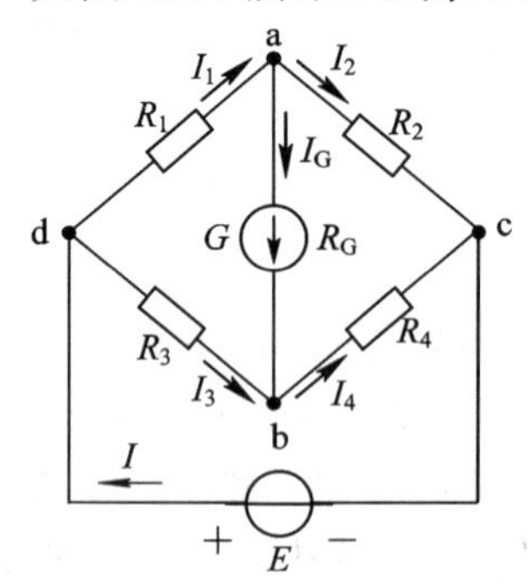

图 1.39　习题 1-5 图

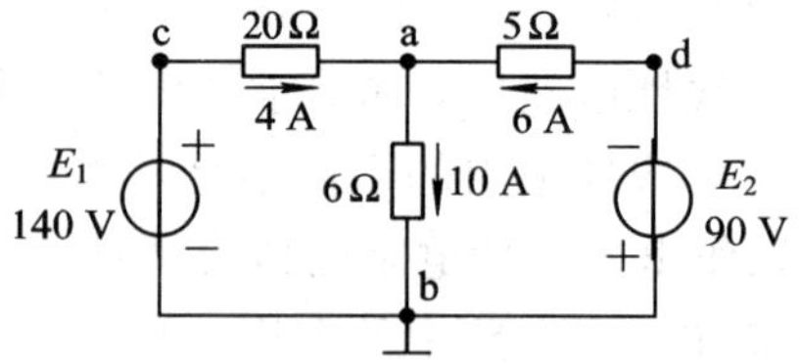

图 1.40　习题 1-6 图

1-7　如图 1.41 所示，已知 $E_1=20$ V，$E_2=10$ V，$U_{ab}=4$ V，$U_{cd}=-6$ V，$U_{ef}=5$ V。试求 U_{ed} 和 U_{ad}。

1-8　如图 1.42 所示，已知 $U_{S1}=12$ V，$U_{S2}=12$ V，$R_1=1$ Ω，$R_2=2$ Ω，$R_3=2$ Ω，$R_4=4$ Ω。求各支路电流。

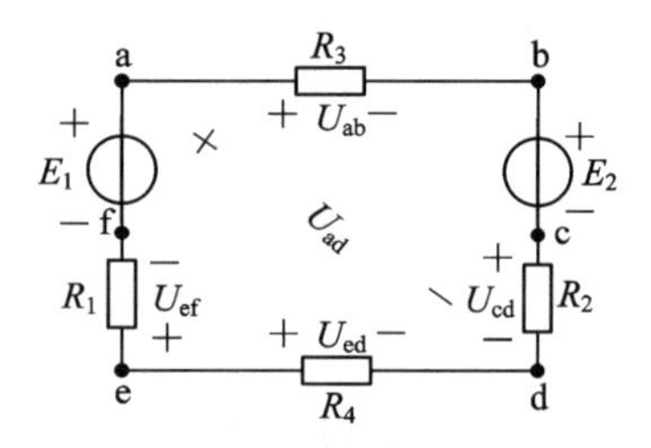

图 1.41　习题 1-7 图

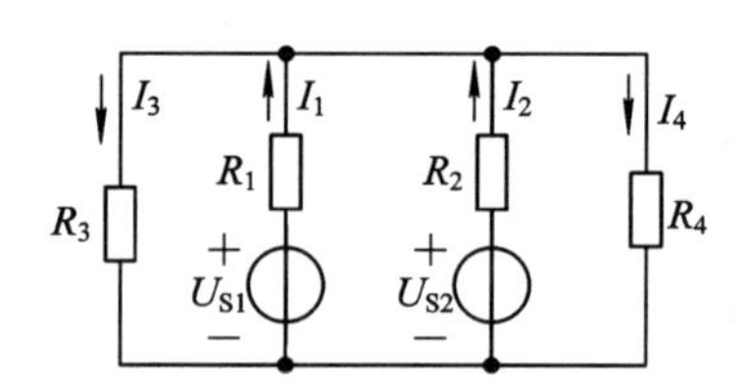

图 1.42　习题 1-8 图

1-9　如图 1.43 所示，已知 $U_S=10$ V，$I_S=2$ A，$R_1=4$ Ω，$R_2=1$ Ω，$R_3=5$ Ω，$R_4=3$ Ω。试用叠加定理求通过电压源的电流 I_5 和电流源两端的电压 U_6。

1-10　如图 1.44 所示，已知 $U_S=6$ V，$I_S=3$ A，$R_1=1$ Ω，$R_2=2$ Ω。试用戴维宁定理求通过 R_2 的电流。

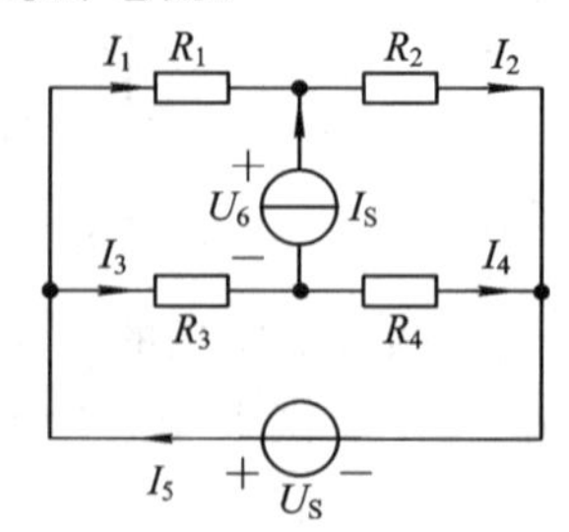

图 1.43　习题 1-9 图

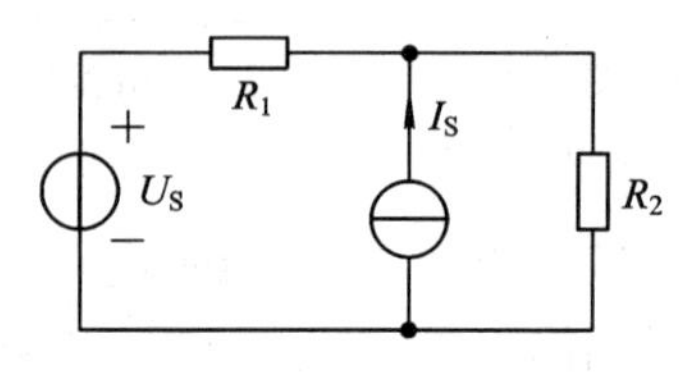

图 1.44　习题 1-10 图

第 2 章　电路的暂态分析

在由电阻元件构成的直流电路中，若电路的状态改变了，如由通路变为断路，那么电路中的电压和电流将立即达到某一恒定值上。但在直流电路中，若除了电阻元件以外，还有电感元件或电容元件，此时电路的状态改变了，电路中各支路的电流和电压还会立即达到某一恒定值吗？

2.1　电感元件与电容元件

2.1.1　电感元件

图 2.1(a)所示的是电感元件(线圈)，设线圈有 N 匝。当电流 i 通过线圈时，在线圈周围产生磁通 $\boldsymbol{\Phi}$，由于线圈缠绕紧密，故磁通通过每匝线圈，则电感元件的参数 L 为

$$L=\frac{N\boldsymbol{\Phi}}{i} \tag{2.1}$$

L 称为电感元件的电感或自感，单位为亨(H)。

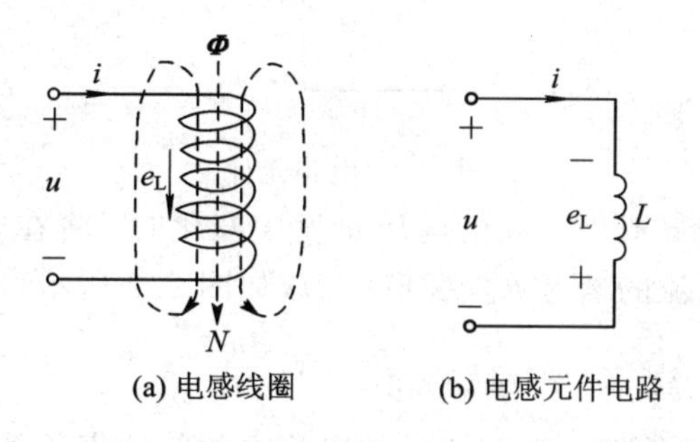

图 2.1　电感元件

当电感元件中的磁通 $\boldsymbol{\Phi}$ 或电流 i 发生变化时，在线圈中产生感应电动势，如图 2.1(b)所示，感应电动势 e_L 为

$$e_L=-N\frac{\mathrm{d}\boldsymbol{\Phi}}{\mathrm{d}t}=-L\frac{\mathrm{d}i}{\mathrm{d}t} \tag{2.2}$$

电路中，i 与 $\boldsymbol{\Phi}$、$\boldsymbol{\Phi}$ 与 e_L 的参考方向都符合右手螺旋定则，因此电路中 i 与 e_L 的参考方向一致，如图中所示的方向。

根据基尔霍夫电压定律，可知

$$u=-e_L=L\frac{\mathrm{d}i}{\mathrm{d}t} \tag{2.3}$$

式(2.3)描述的是电感元件的端电压与流过的电流之间的约束关系。

电感元件中的磁场能为

$$W_L = \int_0^t ui\ dt = \int_0^i Li\ di = \frac{1}{2}Li^2 \tag{2.4}$$

式(2.4)表明，当电感元件中的电流增大时，磁场能也增大，这意味着此时电感元件在吸收电能，将电能转换为磁场能；当电感元件中的电流减小时，磁场能也减小，这意味着此时电感元件在释放磁场能，将磁场能又转换为电能，向电路放还能量。可见，电感元件并不消耗能量，因此它是一个储能元件。

当两个无互感作用的电感线圈串联时，等效电感可以表示为

$$L = L_1 + L_2 \tag{2.5}$$

当两个无互感作用的电感线圈并联时，等效电感可以表示为

$$\frac{1}{L} = \frac{1}{L_1} + \frac{1}{L_2} \tag{2.6}$$

2.1.2 电容元件

图 2.2 所示的是电容元件，当加在电容元件上、下两个金属极板间的电压增大时，极板上聚集的电荷量也增加，由此在极板间产生的电场能也增大。电容元件的参数 C 为

$$C = \frac{q}{u} \tag{2.7}$$

C 称为电容，单位为法拉(F)。

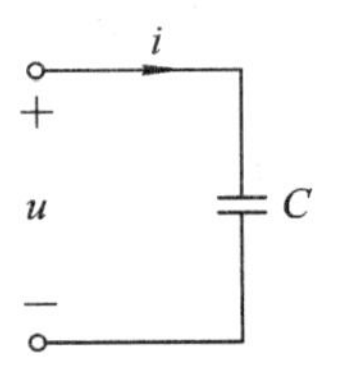

图 2.2 电容元件

当电容极板上的电荷 q 或极板间的电压 u 发生变化时，将在电路中产生电流，若电容元件的端电压与流过的电流的参考方向关联一致(如图 2.2 所示)，则有

$$i = \frac{dq}{dt} = C\frac{du}{dt} \tag{2.8}$$

式(2.8)描述的是电容元件的端电压与流过的电流之间的约束关系。

电容元件中的电场能为

$$W_C = \int_0^t ui\ dt = \int_0^u Cu\ du = \frac{1}{2}Cu^2 \tag{2.9}$$

式(2.9)表明，当电容元件的端电压增大时，电场能也增大，这意味着此时电容元件在吸收电能，将电能转换为电场能；当电容元件的端电压减小时，电场能也减小，这意味着此时电容元件在释放电场能，将电场能又转换为电能，向电路放还能量。可见，电容元件并不消耗能量，因此它是一个储能元件。

当两个电容串联时，等效电容可以表示为

$$\frac{1}{C}=\frac{1}{C_1}+\frac{1}{C_2} \tag{2.10}$$

当两个电容并联时，等效电容可以表示为

$$C=C_1+C_2 \tag{2.11}$$

2.2　暂态的基本概念及换路定则

2.2.1　暂态的基本概念

1. 稳态与暂态

当电路的结构和元件参数都不发生改变时，电路中的电流和电压也都是不变的，电路的这一状态就称为稳定状态，简称为稳态。

若电路的状态发生了改变，如电路接通、断开、短路、元件参数发生变化等，则我们将电路状态发生改变称之为换路。

原本是稳态的电路，如果由于发生换路，使得电路从一种稳定状态经过某一过渡状态达到另一稳定状态时，我们将这一过渡状态称为暂态。

暂态持续的时间一般都很短，几秒甚至几微秒，但暂态对电路的影响却不容忽视：一方面，暂态中产生的电压或电流一般都很大，若不采取适当的措施，将会损坏电路元件甚至发生安全事故；另一方面，暂态中产生的电压和电流，其数值的变化都有一定的规律，利用这一变化规律，可以改善或变换输出信号的波形。

2. 激励与响应

电源(包括信号源)在电路中产生的信号称为激励信号(简称激励)。

电路在激励信号的作用下产生的电压和电流统称为响应信号(简称响应)。

2.2.2　换路定则

发生换路时，电路中的能量也随之发生改变。但能量是不能突变的，否则由此产生的功率 $p=\frac{\mathrm{d}W}{\mathrm{d}t}$是无穷大的，这在实际中是不可能出现的现象。因此，这就要求电感元件中储存的磁场能$\frac{1}{2}Li_L^2$不能突变，也就是电感元件中的电流 i_L不能突变；电容元件中储存的电场场能$\frac{1}{2}Cu_C^2$不能突变，也就是电容元件中的电压 u_C不能突变。可见，暂态实质上是由于电路中的储能元件储存的能量不能发生突变而产生的。

为了说明换路前、后电感元件中的电流 i_L和电容元件两端的电压 u_C不能发生突变这一事实，我们定义以下几个时刻：

(1) $t=0$，表示发生换路的时刻；

(2) $t=0_-$，表示发生换路前的最终时刻；

(3) $t=0_+$，表示发生换路后的初始时刻。

那么，在发生换路的瞬间，从 $t=0_-$ 到 $t=0_+$，电感元件中的电流和电容元件两端的电压应满足公式：

$$\begin{cases} i_L(0_-) = i_L(0_+) \\ u_C(0_-) = u_C(0_+) \end{cases} \tag{2.12}$$

该式称为换路定则。

我们将发生换路的初始时刻($t=0_+$)时电路中的各电压和电流值统称为初始值。换路定则只能用于确定电感元件中的电流和电容元件两端的电压的初始值，那么电路中其他各初始值应该如何确定呢？确定其他各初始值时，首先要确定出 $i_L(0_+)$或 $u_C(0_+)$(根据换路定则，这两个值应在换路前 $t=0_-$ 的电路中求出)；然后再在 $t=0_+$ 的电路中，根据 $i_L(0_+)$或 $u_C(0_+)$的值，确定其他各初始值。

【例 2.1】 在图 2.3(a)所示的电路中，已知 $i_L(0_-)=0$，$u_C(0_-)=0$。试求电路中各个电压和电流的初始值。

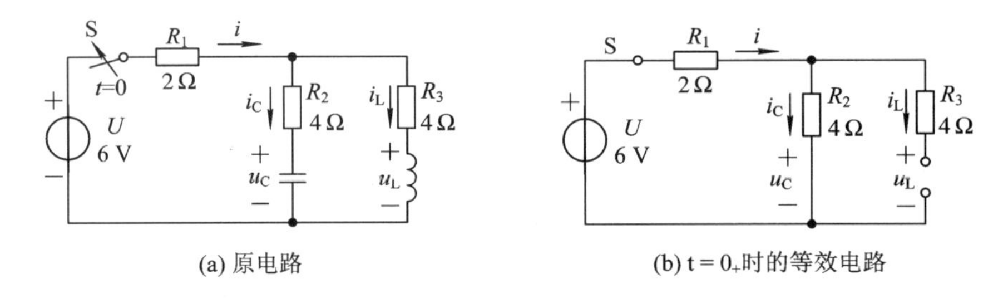

图 2.3　例 2.1 图

解　根据换路定则，有

$$\begin{cases} i_L(0_+) = i_L(0_-) = 0 \\ u_C(0_+) = u_C(0_-) = 0 \end{cases}$$

说明在换路后($t=0_+$)的电路中，电感元件可视为开路，电容元件可视为短路，如图 2.3(b)所示。在该电路中，可求得

$$i(0_+) = i_C(0_+) = \frac{U}{R_1 + R_2} = \frac{6}{2+4} = 1\ \text{A}$$

$$u_L(0_+) = R_2 i_C(0_+) = 4 \times 1 = 4\ \text{V}$$

【例 2.2】 在图 2.4(a)所示的电路中，设换路前电路处于稳态。试求电路中各个电压和电流的初始值。

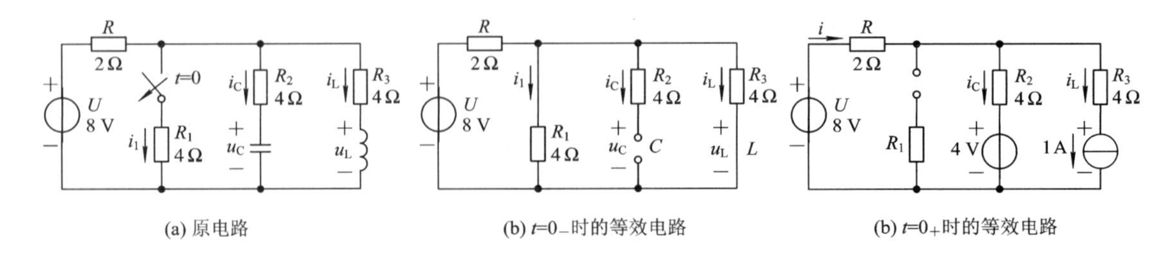

图 2.4　例 2.2 图

解　(1) 在 $t=0_-$ 的电路中求解 $u_C(0_-)$和 $i_L(0_-)$。

由于换路前电路已经处于稳态，因此分析电路可知：$t=0_-$ 时，电容元件视为开路，电

感元件视为短路，如图 2.4(b)所示。则有

$$i_L(0_-) = \frac{R_1}{R_1+R_3} \times \frac{U}{R+\dfrac{R_1R_3}{R_1+R_3}} = \frac{4}{4+4} \times \frac{U}{2+\dfrac{4\times 4}{4+4}} = 1\ \text{A}$$

$$u_C(0_-) = R_3 i_L(0_-) = 4\times 1 = 4\ \text{V}$$

根据换路定则，有

$$\begin{cases} i_L(0_+) = i_L(0_-) = 1\ \text{A} \\ u_C(0_+) = u_C(0_-) = 4\ \text{V} \end{cases}$$

因此，在 $t=0_+$ 的电路中，将电感元件视为 1 A 的恒流源，方向与 $i_L(0_+)$一致；将电容元件视为 4 V 的恒压源，方向与 $u_C(0_+)$一致。

(2) 在 $t=0_+$ 的电路求解其他初始值。

$t=0_+$ 的电路如图 2.4(c)所示。根据支路电流法列出如下方程

$$\begin{cases} U = Ri(0_+) + R_2 i_C(0_+) + u_C(0_+) \\ i(0_+) = i_C(0_+) + i_L(0_+) \end{cases}$$

代入数据，得

$$\begin{cases} 8 = 2i(0_+) + 4i_C(0_+) + 4 \\ i(0_+) = i_C(0_+) + 1 \end{cases}$$

最后解得 $i_C(0_+) = \dfrac{1}{3}$ A，$i(0_+) = \dfrac{4}{3}$ A。

2.3　*RC* 电路的暂态响应

2.3.1　*RC* 电路的零输入响应

RC 电路的零输入响应如图 2.5 所示。假设开关 S 在 $t=0$ 时刻从 a 处换到 b 处，并且换路前电路已达到稳定状态。因此，换路前电容元件的端电压 $u_C(0_-)=U_0$，根据换路定则，有 $u_C(0_+)=u_C(0_-)=U_0$。

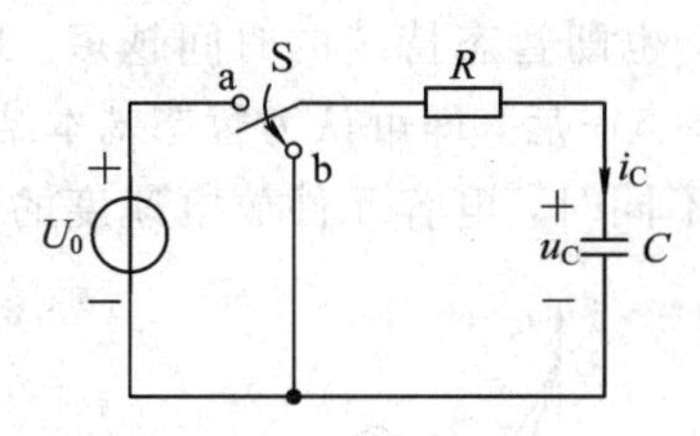

图 2.5　*RC* 电路的零输入响应

开关 S 从 a 处换到 b 处后，电容元件在电路中充当电源的作用，电容元件开始放电，因为此时输入信号为零，所以将电路在这一过程中的响应称为零输入响应。零输入响应实际上就是电容元件的放电过程。

根据 KVL，在换路后的电路中列出回路电压方程为

$$Ri_C + u_C = 0$$

由于

$$i_{\mathrm{C}} = C\frac{\mathrm{d}u_{\mathrm{C}}}{\mathrm{d}t}$$

因此

$$RC\frac{\mathrm{d}u_{\mathrm{C}}}{\mathrm{d}t} + u_{\mathrm{C}} = 0 \tag{2.13}$$

解此微分方程，得

$$u_{\mathrm{C}} = A\mathrm{e}^{-\frac{t}{RC}} \tag{2.14}$$

将 $t=0$ 时的 $u_{\mathrm{C}}(0_{+})$代入式(2.14)，得

$$A = U_0$$

因此在零输入响应中，电容元件的端电压为

$$u_{\mathrm{C}} = U_0\mathrm{e}^{-\frac{t}{RC}} \tag{2.15}$$

在零输入响应中，电容元件中的电流为

$$i_{\mathrm{C}} = C\frac{\mathrm{d}u_{\mathrm{C}}}{\mathrm{d}t} = -\frac{U_0}{R}\mathrm{e}^{-\frac{t}{RC}} \tag{2.16}$$

图 2.6 画出了在零输入响应中，电容元件的端电压与流过的电流的放电曲线。

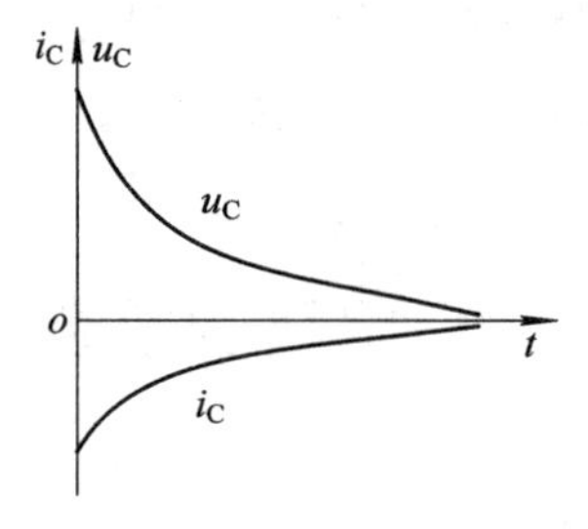

图 2.6 电容元件的放电曲线

在 RC 电路中，令 $\tau=RC$，称 τ 为电路的时间常数，单位为秒(s)。时间常数是一个反映暂态持续时间长短的物理量。在 RC 的零输入响应中，τ 的大小说明了电容元件放电时间的快慢程度。τ 越大，说明电容元件的放电时间越长，也即暂态持续的时间越长；τ 越小，说明电容元件的放电时间越短，也即暂态持续的时间越短。理论上说，τ 趋于无穷大时暂态才结束，但工程上一般在 $t\geqslant(3\sim5)\tau$ 后，即可认为暂态基本结束，电路达到了稳定状态。

图 2.7 说明了当时间常数不同时，电容元件放电速度的快慢也不同。

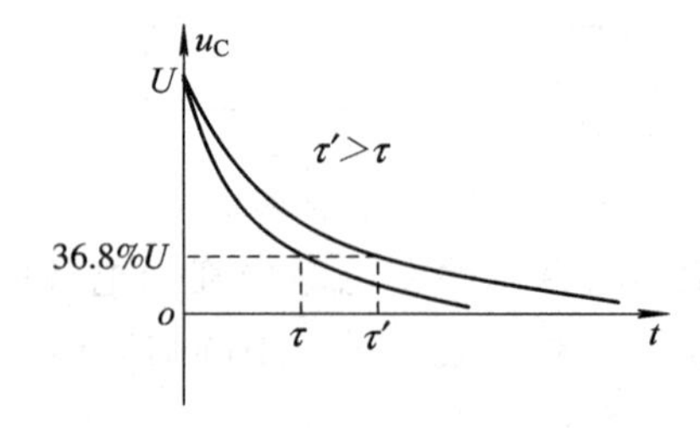

图 2.7 不同时间常数的比较

2.3.2　*RC* 电路的零状态响应

RC 电路的零状态响应如图 2.8 所示。假设开关 S 在 $t=0$ 时刻闭合，并且换路前电容元件无初始储能，即 $u_C(0_-)=0$。根据换路定则，有 $u_C(0_+)=u_C(0_-)=0$。

开关 S 闭合后，电源对电容元件充电。因为电容元件的初始储能为零，所以将电路在这一过程中的响应称为零状态响应。零状态响应实际上就是电容元件的充电过程。

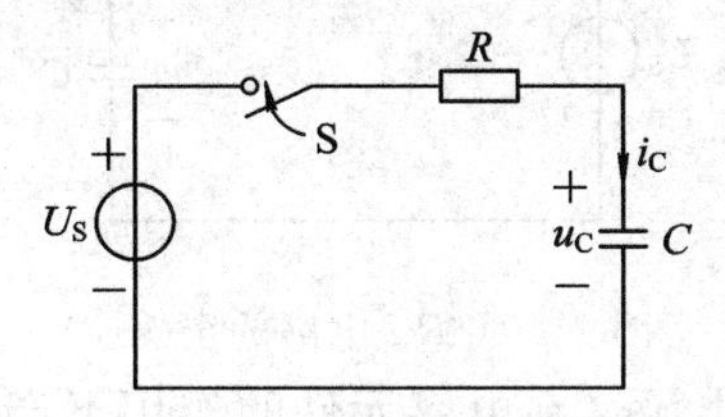

图 2.8　*RC* 电路的零状态响应

根据 KVL，在换路后的电路中列出回路电压方程为

$$Ri_C + u_C = U_S$$

由于

$$i_C = C\frac{\mathrm{d}u_C}{\mathrm{d}t}$$

因此

$$RC\frac{\mathrm{d}u_C}{\mathrm{d}t} + u_C = U_S \tag{2.17}$$

解此微分方程，得

$$u_C = A\mathrm{e}^{-\frac{t}{RC}} + U_S \tag{2.18}$$

将 $t=0_+$ 时的 $u_C(0_+)$ 代入式(2.18)，得

$$A = -U_S$$

因此在零状态响应中，电容元件的端电压为

$$u_C = U_S - U_S\mathrm{e}^{-\frac{t}{RC}} = U_S(1-\mathrm{e}^{-\frac{t}{\tau}}) \tag{2.19}$$

在零状态响应中，电容元件中的电流为

$$i_C = C\frac{\mathrm{d}u_C}{\mathrm{d}t} = \frac{U_S}{R}\mathrm{e}^{-\frac{t}{RC}} \tag{2.20}$$

图 2.9 画出了在零状态响应中，电容元件的端电压与流过的电流的充电曲线。

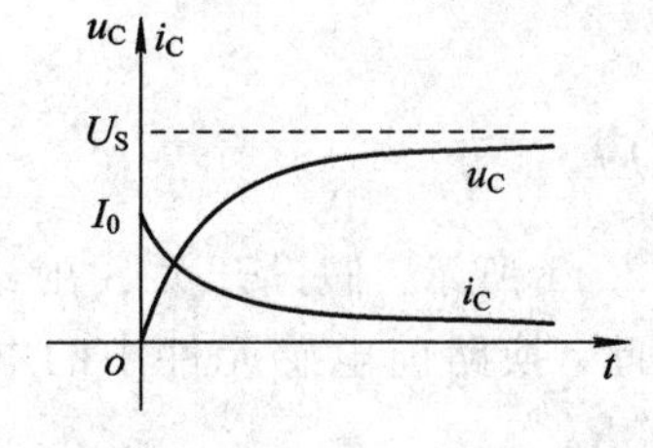

图 2.9　电容元件充电曲线

2.3.3 *RC* 电路的全响应

RC 电路的全响应如图 2.10 所示。假设开关 S 在 $t=0$ 时刻闭合，并且换路前电容元件有初始储能，即 $u_C(0_-)=U$。根据换路定则，有 $u_C(0_+)=u_C(0_-)=U$。

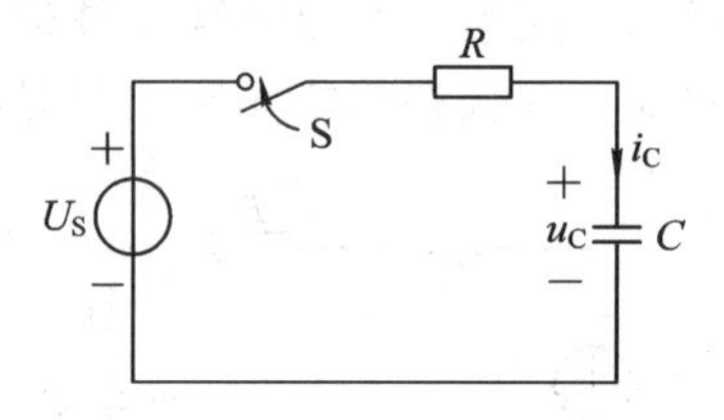

图 2.10　*RC* 电路的全响应

开关 S 闭合后，电路既在电源又在电容元件的作用下产生响应，因此将电路在这一过程中的响应称为全响应。

根据 KVL，在换路后的电路中列出回路电压方程为

$$Ri_C + u_C = U_S$$

由于

$$i_C = C\frac{du_C}{dt}$$

因此

$$RC\frac{du_C}{dt} + u_C = U_S \tag{2.21}$$

解此微分方程，得

$$u_C = Ae^{-\frac{t}{RC}} + U_S \tag{2.22}$$

将 $t=0_+$ 时的 $u_C(0_+)$ 代入式(2.22)，得

$$A = U - U_S$$

因此在全响应中，电容元件的端电压为

$$u_C = U_S + (U - U_S)e^{-\frac{t}{RC}} = Ue^{-\frac{t}{\tau}} + U_S(1 - e^{-\frac{t}{\tau}}) \tag{2.23}$$

从式(2.23)可以看出：

全响应 = 稳态分量 + 暂态分量 = 零输入响应 + 零状态响应

2.4 *RL* 电路的暂态响应

2.4.1 *RL* 电路的零输入响应

RL 电路的零输入响应如图 2.11 所示。假设开关 S 在 $t=0$ 时刻从 a 处换到 b 处，并且换路前电路已达到稳定状态，因此，换路前电感元件中的电流 $i_L(0_-)= U_0/R$，根据换路定则，有 $i_L(0_+)= i_L(0_-)=U_0/ R$。

换路后，根据 KVL 列出电路的回路电压方程为

$$Ri_L + u_L = 0$$

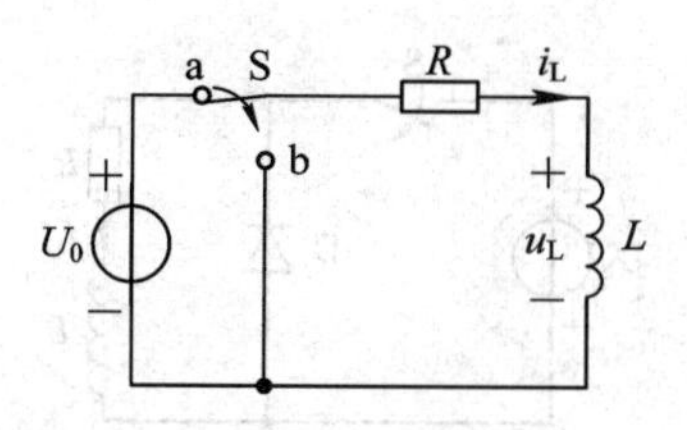

图 2.11　RL 电路的零输入响应

由于

$$u_L = L\frac{di_L}{dt}$$

因此

$$L\frac{di_L}{dt} + Ri_L = 0 \tag{2.24}$$

解此微分方程，得

$$i_L = Ae^{-\frac{R}{L}t} \tag{2.25}$$

将 $t=0_+$ 时的 $i_L(0_+)$ 代入式(2.25)，得

$$A = \frac{U_0}{R}$$

因此在零输入响应中，电感元件中的电流为

$$i_L = \frac{U_0}{R}e^{-\frac{R}{L}t} = \frac{U_0}{R}e^{-\frac{t}{\tau}} \tag{2.26}$$

式中，$\tau = L/R$。

在零输入响应中，电感元件中的电压为

$$u_L = L\frac{di_L}{dt} = -U_0 e^{-\frac{t}{\tau}} \tag{2.27}$$

图 2.12 画出了电感元件中的电流与端电压的零输入响应曲线。

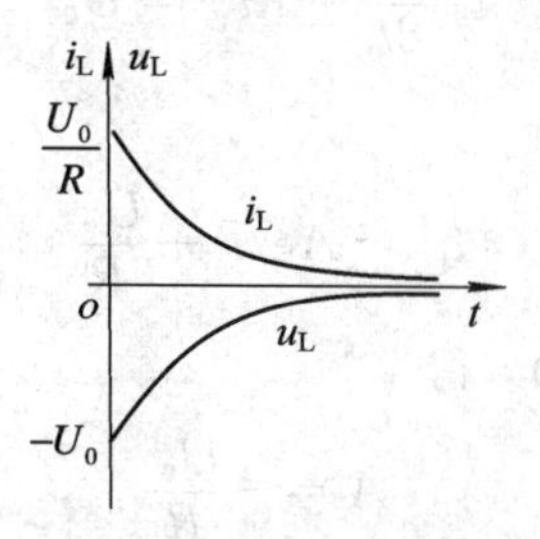

图 2.12　电感元件中的电流与端电压的零输入响应曲线

需要注意的是，换路瞬间电感元件中的电流变化很大，若电感 L 的值也很大，则根据 $u_L = L\frac{di_L}{dt}$ 可知，电感元件两端将产生很高的感应电压，这将对电路带来危害。一方面，高电压容易将电感线圈的绝缘层击穿；另一方面，高电压可能将开关触点间的空气电离，产生电火花或电弧，易发生安全事故。因此通常在电感元件两端并联一个反向的二极管，为电感元件提供放电通路，如图 2.13 所示。

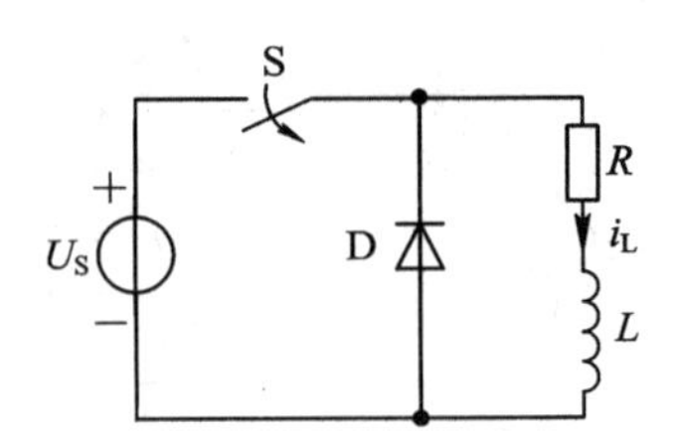

图 2.13 防止产生高电压的保护措施

2.4.2 *RL* 电路的零状态响应

RL 电路的零状态响应如图 2.14 所示。假设开关 S 在 $t=0$ 时刻从 b 处换到 a 处，并且换路前电感元件无初始储能，即 $i_L(0_-)=0$。根据换路定则，有 $i_L(0_+)=i_L(0_-)=0$。

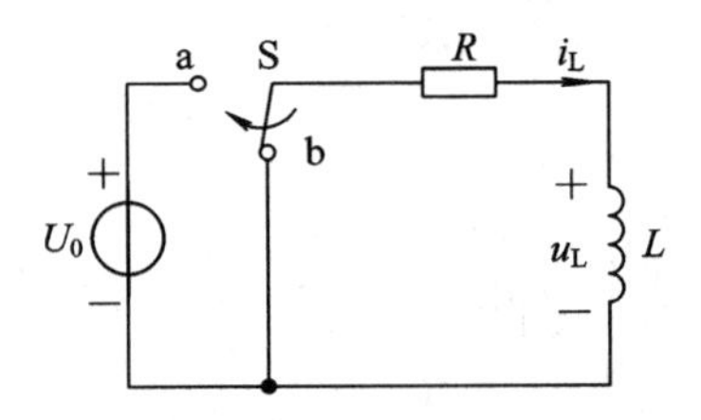

图 2.14 *RL* 电路的零状态响应

换路后，根据 KVL 列出电路的回路电压方程为

$$Ri_L+u_L=U_0$$

由于

$$u_L=L\frac{di_L}{dt}$$

因此

$$L\frac{di_L}{dt}+Ri_L=U_0 \tag{2.28}$$

解此微分方程，得

$$i_L=Ae^{-\frac{t}{\tau}}+\frac{U_0}{R} \tag{2.29}$$

将 $t=0_+$ 时的 $i_L(0_+)$代入式(2.29)，得

$$A=-\frac{U_0}{R}$$

因此在零状态响应中，电感元件中的电流为

$$i_L=\frac{U_0}{R}-\frac{U_0}{R}e^{-\frac{t}{\tau}}=\frac{U_0}{R}(1-e^{-\frac{t}{\tau}}) \tag{2.30}$$

在零状态响应中，电感元件的端电压为

$$u_L=L\frac{di_L}{dt}=U_0e^{-\frac{t}{\tau}} \tag{2.31}$$

图 2.15 画出了电感元件中的电流与端电压的零状态响应曲线。

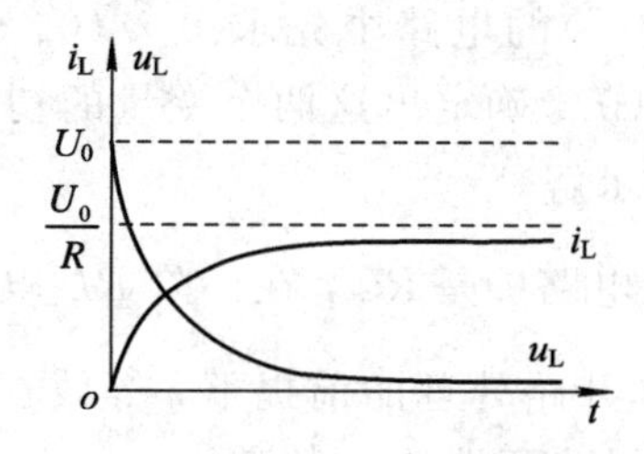

图 2.15　电感元件中的电流与端电压的零状态响应曲线

2.4.3　*RL* 电路的全响应

RL 电路的全响应是指在电感元件的初始储能不为零时，接入电源所形成的响应。与 *RC* 电路的全响应相似，*RL* 电路的全响应也可以表示为

全响应 = 稳态分量 + 暂态分量 = 零输入响应 + 零状态响应

该公式实际上反映了叠加原理在暂态响应中的应用。全响应实际上是在电源和储能元件初始储能的共同作用下产生的响应，即只有电源作用时产生的零状态响应和只有初始储能作用时产生的零输入响应的叠加结果。

2.5　一阶电路暂态响应分析的三要素法

若只有一个储能元件或经过等效化简后也只有一个储能元件的线性电路，在进行暂态响应分析时，所列出的微分方程式都是一阶微分方程式，这种电路称为一阶电路。前面介绍的 *RC* 电路和 *RL* 电路均为一阶电路。

根据对 *RC* 电路和 *RL* 电路暂态全响应的分析可知，一阶电路的全响应都可以表示为

全响应 = 零输入响应 + 零状态响应 = 稳态分量 + 暂态分量

而零输入响应和零状态响应是全响应的特例，也满足上面的公式。

我们用 $f(t)$表示某变量在暂态过程中的全响应，$f(\infty)$表示 $t\to\infty$时该变量的稳态分量，$Ae^{-\frac{t}{\tau}}$表示该变量的暂态分量，那么全响应可以记为

$$f(t) = f(\infty) + Ae^{-\frac{t}{\tau}} \tag{2.32}$$

将初始值 $f(0_+)$代入式(2.32)，可以确定出 A 值，即

$$A = f(0_+) - f(\infty) \tag{2.33}$$

则某变量的一阶电路暂态响应的公式可以表示为

$$f(t) = f(\infty) + [f(0_+) - f(\infty)]e^{-\frac{t}{\tau}} \tag{2.34}$$

只要确定出变量的稳态分量 $f(\infty)$、初始值 $f(0_+)$和时间常数 τ 三个要素，那么任意变量的暂态响应都可以通过式(2.34)确定，我们将这个方法称为一阶电路暂态响应分析的三要素法。

使用三要素法分析一阶电路的暂态过程时，应注意以下几个方面：

(1) 稳态分量 $f(\infty)$应在换路后且电路达到稳定的状态下求解。

(2) 对初始值 $f(0_+)$的求解，应根据不同的变量在不同的电路中计算。如求解 $i_L(0_+)$

和 $u_C(0_+)$时，应在换路前($t=0_-$)的电路中先求出 $i_L(0_-)$和 $u_C(0_-)$，再根据换路定则 $i_L(0_+)=i_L(0_-)$和 $u_C(0_+)=u_C(0_-)$确定出这两个变量的初始值。而其他各变量的初始值都应在换路后($t=0_+$)的电路中求解。

(3) 时间常数 τ 在一阶 RC 电路中是 RC，在一阶 RL 电路中是$\frac{L}{R}$，R 都是指在电路中的恒压源作短路处理、恒流源作开路处理的前提下，等效在储能元件(若有多个同类型的储能元件，则指等效后的储能元件)两端的电阻值。

【例 2.3】 电路如图 2.16(a)所示，开关 S 闭合前电路已处于稳态，当 $t=0$ 时 S 闭合。试求 $t\geqslant 0$ 时电容电压 u_C和电流 i_C、i_1和 i_2。

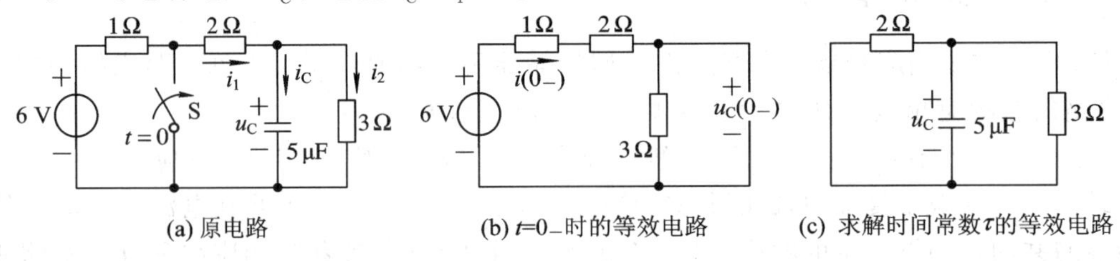

图 2.16　例 2.3 图

解　使用三要素法求解 u_C。

(1) 求初始值 $u_C(0_+)$。

先在 $t=0_-$时的电路中求解 $u_C(0_-)$。画出 $t=0_-$时的等效电路，如图 2.16(b)所示，则

$$u_C(0_-)=\frac{6}{1+2+3}\times 3=3\ \text{V}$$

根据换路定则，有

$$u_C(0_+)=u_C(0_-)=3\ \text{V}$$

(2) 求稳态值 $u_C(\infty)$。

在换路后且电路达到稳定状态时求解 $u_C(\infty)$，则

$$u_C(\infty)=0$$

(3) 求时间常数 τ。

画出换路后稳态时的等效电路，如图 2.16(c)所示，则

$$\tau=R_0C=\frac{2\times 3}{2+3}\times 5\times 10^{-6}=6\times 10^{-6}\ \text{s}$$

根据一阶电路暂态响应分析的三要素法，可得

$$u_C(t)=u_C(\infty)+[u_C(0_+)-u_C(\infty)]e^{-\frac{t}{\tau}}=3e^{-1.7\times 10^5 t}(\text{V})$$

电流 i_C、i_1 和 i_2可以使用三要素法求解，也可以通过对电路的分析，使用如下方法求得：

$$i_C(t)=C\frac{du_C}{dt}=-2.5e^{-1.7\times 10^5 t}(\text{A})$$

$$i_2(t)=\frac{u_C}{3}=e^{-1.7\times 10^5 t}(\text{A})$$

$$i_1(t)=i_2+i_C=e^{-1.7\times 10^5 t}-2.5e^{-1.7\times 10^5 t}=-1.5e^{-1.7\times 10^5 t}(\text{A})$$

【例 2.4】 电路如图 2.17 所示，开关 S 在 $t=0$ 时闭合，换路前电路处于稳态。求换路后电感的端电压 u_L。

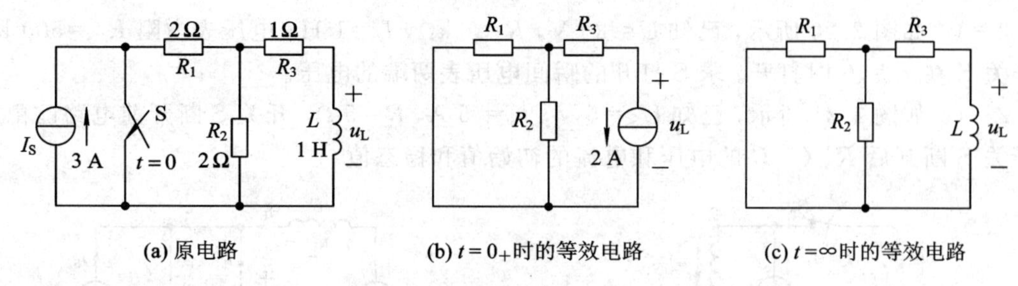

图 2.17　例 2.4 图

解　(1) 换路前，电路已处于稳态，因此根据换路定则，有

$$i_L(0_+)=i_L(0_-)=\frac{R_2}{R_2+R_3}I_S=\frac{2}{1+2}\times 3=2\ \text{A}$$

画出 $t=0_+$ 时的等效电路，如图 2.17(b)所示，求解初始值 $u_L(0_+)$，则

$$u_L(0_+)=-i_L(0_+)[R_1 /\!/ R_2+R_3]=-4\ \text{V}$$

(2) 画出 $t=\infty$时的等效电路，如图 2.17(c)所示，求解稳态值 $u_L(\infty)$，则

$$u_L(\infty)=0\ \text{V}$$

(3) 在 $t=\infty$时的等效电路中求解时间常数 τ，则

$$\tau=\frac{L}{R_3+R_1 /\!/ R_2}=\frac{1}{2}=0.5\ \text{s}$$

(4) 根据一阶线性电路的三要素法写出 u_L，则

$$\begin{aligned}u_L(t)&=u_L(\infty)+[u_L(0_+)-u_L(\infty)]e^{-\frac{t}{\tau}}\\&=0+(-4-0)e^{-2t}\\&=4e^{-2t}(\text{V})\end{aligned}$$

习　题　2

2-1　如图 2.18 所示，已知 $u_C(0_-)=0$，求 $u_R(0_+)=?$ $i(0_+)=?$

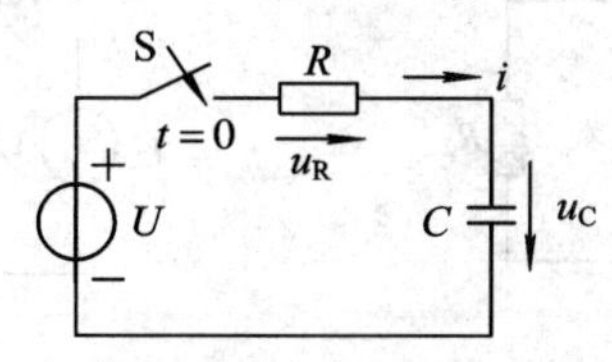

图 2.18　习题 2-1 图

2-2　如图 2.19 所示，已知 $R=1\ \text{k}\Omega$，$L=1\ \text{H}$，$U=20\ \text{V}$，开关闭合前 $i_L=0\ \text{A}$，设 $t=0$ 时开关闭合。求 $i_L(0_+)$ 和 $u_L(0_+)$。

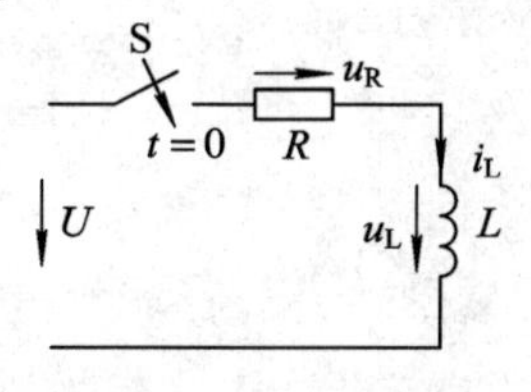

图 2.19　习题 2-2 图

2-3　如图 2.20 所示，已知 $U=20\ \text{V}$，$R=1\ \text{k}\Omega$，$L=1\ \text{H}$，电压表内阻 $R_V=500\ \text{k}\Omega$，设开关 S 在 $t=0$ 时打开。求 S 打开的瞬间电压表两端的电压。

2-4　如图 2.21 所示，已知 $U_S=5\ \text{V}$，$I_S=5\ \text{A}$，$R=5\ \Omega$，开关 S 断开前电路已稳定。求开关 S 断开后 R、C、L 的电压和电流的初始值和稳态值。

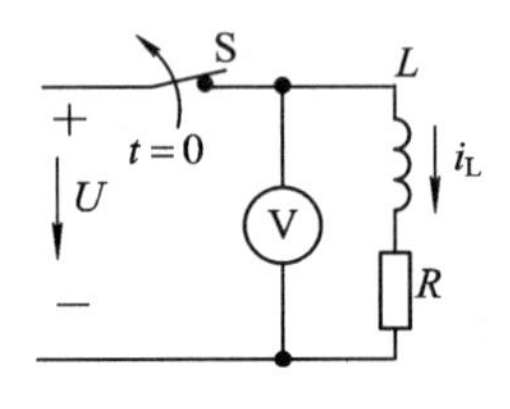

图 2.20　习题 2-3 图

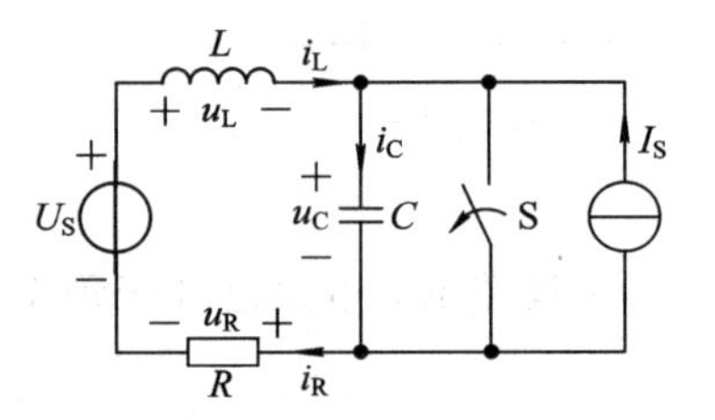

图 2.21　习题 2-4 图

2-5　求图 2.22 中电路的时间常数。

2-6　如图 2.23 所示，换路前开关 S 闭合在 a 端，电路已稳定；换路后将 S 合到 b 端。试求响应 i_1、i_2 和 i_3。

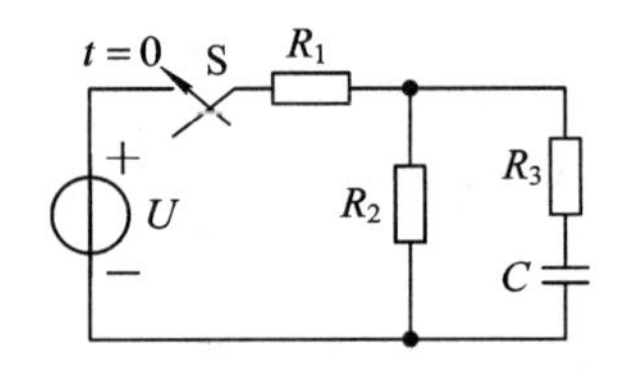

图 2.22　习题 2-5 图

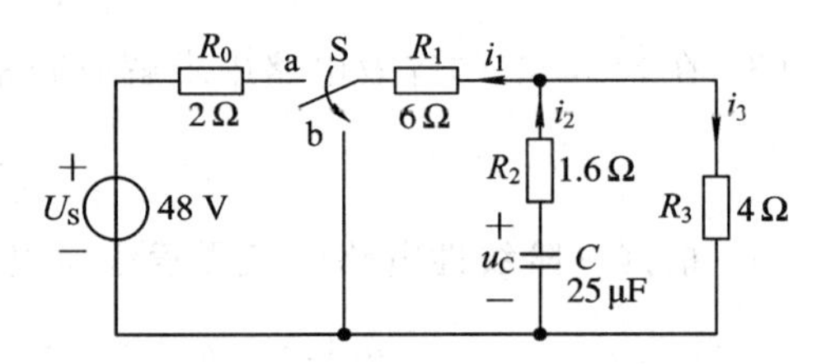

图 2.23　习题 2-6 图

2-7　如图 2.24 所示，已知 $R_1=1\ \text{k}\Omega$，$R_2=2\ \text{k}\Omega$，$C=3\ \mu\text{F}$，电压源 $U_1=3\ \text{V}$，$U_2=5\ \text{V}$。求：将开关从位置 1 合到位置 2 后，电容的电压 u_C。

2-8　如图 2.25 所示，求换路后的 $i_L(t)$ 和 $u(t)$，并画出对应曲线。

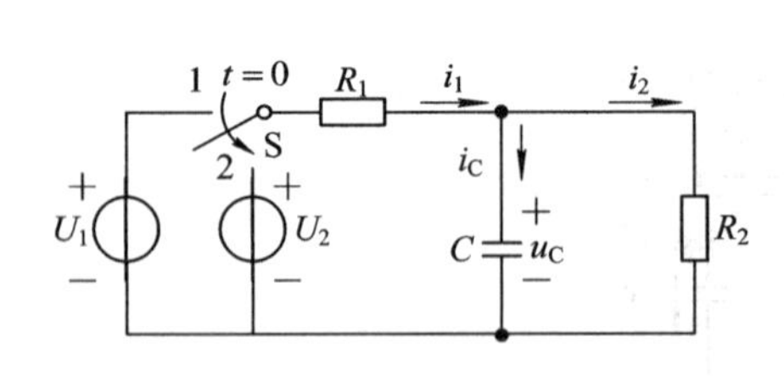

图 2.24　习题 2-7 图

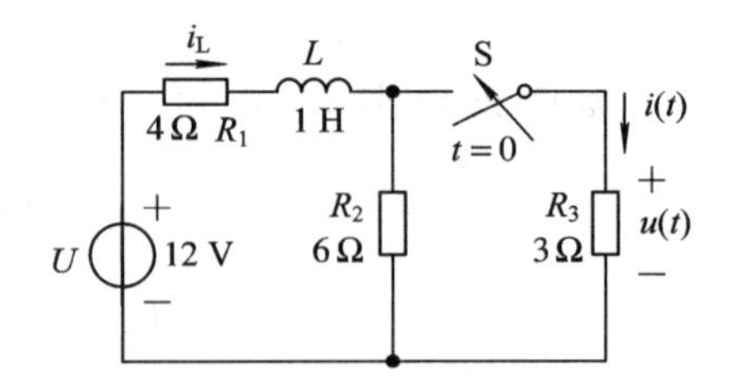

图 2.25　习题 2-8 图

第3章　正弦交流电路

正弦交流电，简称交流电，它在生产和日常生活中应用极为广泛，例如电气照明的电源和土建施工中的动力电源，以及我们日常生活中所用的电源，几乎全都是正弦交流电，因而分析和讨论正弦交流电路具有重要意义。

所谓正弦交流电路，是指含有正弦电源(激励)而且电路各部分所产生的电压和电流(响应)均按正弦规律变化的电路。分析与计算交流电路，主要是确定不同参数和不同结构的各种正弦交流电路中电压与电流之间的关系和功率。

在本章中，我们将介绍正弦交流电的三要素和正弦交流电的相量表示法、电路元件的电压与电流的关系及功率的计算，了解串联和并联谐振的条件和特征，理解提高功率因数的意义和方法。

3.1　正弦交流电的基本概念

在直流电路中(除了暂态过程)，电流和电压的大小与方向是不随时间而变化的。直流电压、电流或电动势分别用大写的字母U、I或E表示。

正弦交流电是按照正弦规律周期性变化的电压、电流或电动势，也统称为正弦量。正弦量任意时刻的取值(即瞬时值)是时间t的函数。瞬时值用小写的字母来表示，如u、i或e。以正弦电流为例，在指定参考方向的前提下，电流瞬时值可用三角函数表示为

$$i = I_{\mathrm{m}}\sin(\omega t + \psi)A \qquad (3.1)$$

上述正弦交流电流也可用函数图像——波形图表示，如图3.1所示。

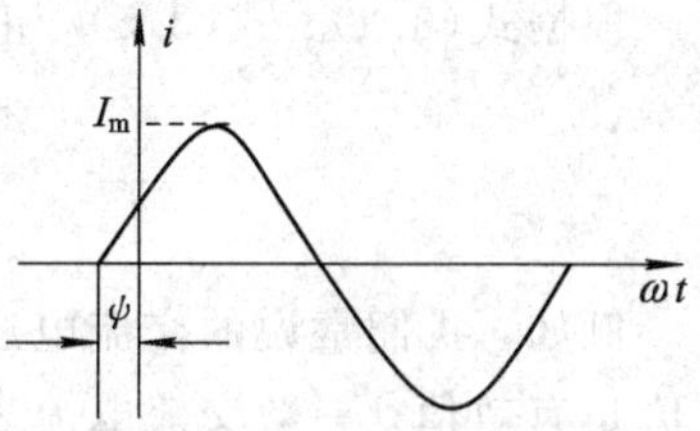

图3.1　正弦交流电的波形图

正弦电流的特征可以由I_{m}、ω、ψ这三个参数决定，这三个参数称为正弦量的特征量，也称为正弦量的三要素。

3.1.1　正弦量的三要素

1. 周期、频率、角频率

周期、频率、角频率都是描述正弦量变化快慢的特征量。

正弦量完成一次变化所需的时间称为周期T，单位是秒(s)。正弦量单位时间变化的次

数称为频率 f，单位是赫兹(Hz)。频率和周期互为倒数，即

$$f = \frac{1}{T} \tag{3.2}$$

正弦量变化一次所经历的弧度是 2π；角频率 ω 是单位时间变化的弧度，单位是弧度/秒(rad/s)。角频率和频率的关系为

$$\omega = 2\pi f \tag{3.3}$$

我国工业和民用电的频率 $f=50$ Hz(称为工作标准频率，简称工频)，其周期 $T=0.02$ s，角频率 $\omega=314$ rad/s。今后不加注明时，频率都指工频。

不同频率的交流电用于不同场合：如无线通信用高频信号获得较远的通信距离，工件可用中频炉加热后进行处理，机械设备采用变频器调节其运行速度。

2. 幅值与有效值

幅值和有效值都是表示正弦量大小的特征量。

正弦量随时间变化可达到的最大值叫幅值或最大值，用带下标 m 的大写字母来表示，如 U_m、I_m 或 E_m 分别表示电流、电压或电动势的幅值。在绝缘、耐压实验中检测设备的耐压值时，通常使用电压的最大值来描述；而在衡量交流设备作功的效能时，通常使用有效值来描述。

有效值是由电流的热效应规定的。在同一时间段 T，直流电流 I 和正弦电流 i 通过相同阻值的两个电阻 R 时，若产生的热量相等，则该直流电流 I 称为对应交流电流 i 的有效值。通过分析，正弦电流有效值与最大值的关系为

$$I = \frac{I_m}{\sqrt{2}} = 0.707 I_m \tag{3.4}$$

对于正弦电压，其有效值与最大值的关系为

$$U = \frac{U_m}{\sqrt{2}} = 0.707 U_m \tag{3.5}$$

根据式(3.4)、式(3.5)，正弦电流与电压的瞬时值可记为

$$i = \sqrt{2} I \sin(\omega t + \psi_i) \tag{3.6}$$

$$u = \sqrt{2} U \sin(\omega t + \psi_u) \tag{3.7}$$

例如，我们常说的交流电压额定值 380 V 或 220 V 都是指它的有效值。交流设备的额定值是有效值。一般交流电流表和电压表的读数也为有效值。

与正弦交流电流 i 发热相等的直流电流 I 是恒定不变的，故有效值用大写字母 U、I 或 E 来表示。

3. 相位、初相位、相位差

式(3.1)中的 $\omega t+\psi$ 反映了正弦量变化的位置，被称为相位角或称相位。

当 $t=0$ 时的相位角，即 $\psi=(\omega t+\psi)_{t=0}$ 称为初相角或初相位 ψ，简称初相。

在一个交流电路中，电压 u 与电流 i 的频率是相同的，但初相不一定相同，为了比较同频率的正弦量的相位关系，引入相位差的概念。两个同频率正弦量的相位角之差或初相角之差，称为相位角差或相位差，用 φ 表示。

例如，有两个同频率的正弦量：

$$i = I_m \sin(\omega t + \psi_i)$$
$$u = U_m \sin(\omega t + \psi_u)$$

则相位差为

$$\varphi = (\omega t + \psi_u) - (\omega t + \psi_i) = \psi_u - \psi_i$$

当 $\varphi > 0$ 即 $\psi_u > \psi_i$，如图 3.2 所示，u 先于 i 达到零值或最大值，称 u 超前 i 一个 φ 角，或者说 i 滞后 u 一个 φ 角。

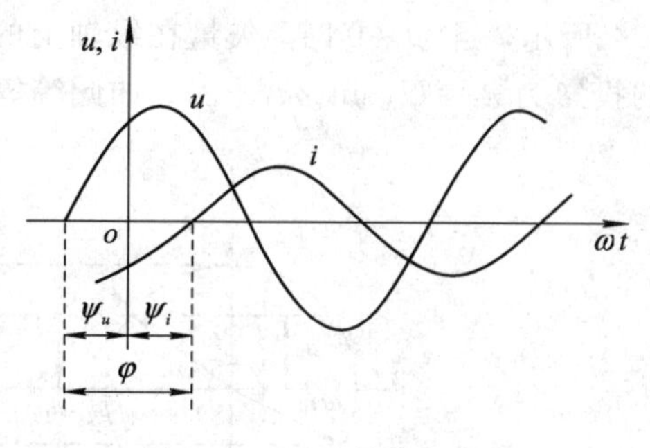

图 3-2　正弦量的相位差

当两个同频率的正弦量的相位差 $\varphi=0$ 时，即 $\psi_u=\psi_i$，如图 3.3(a)所示，当 u 与 i 同时达到零值或最大值时，称它们为同相。当两个正弦量的相位差 $\varphi=\pm\pi$ 时，如图 3.3(b)所示，u 达到正的最大值时，i 达到负的最大值时，称这两个正弦量反相。当两个正弦量的相位差 $\varphi=\frac{\pi}{2}$ 时，如图 3.3(c) 所示，称这两个正弦量正交。

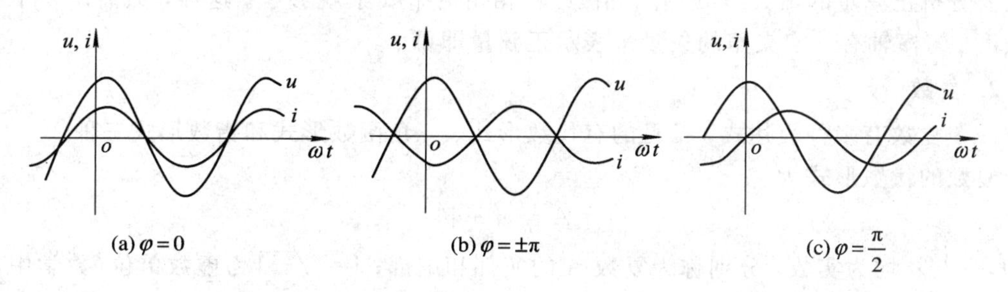

图 3.3　正弦量的相位关系

【例 3.1】　已知：电压的瞬时值表达式为 $u=5\sin(6\pi t+10°)$(V)，电流的瞬时值表达式为 $i=3\cos(6\pi t-15°)$(A)。求电压与电流的相位差 φ。

解　将电流写成正弦函数

$$i_1 = 3\cos(6\pi t - 15°) = 3\sin(6\pi t - 15° + 90°)$$
$$= 3\sin(6\pi t + 75°)(\text{A})$$

则电压与电流的相位差为

$$\varphi = \psi_u - \psi_i = 10° - 75° = -65°$$

3.1.2　正弦量的相量表示法

如上一节所述，正弦量是由其三个特征量唯一确定的，它可以用三角函数式或波形图来表示。但是用这两种方法进行运算十分不便，因此，有必要寻求使正弦量运算更为简便的方法。正弦量的相量表示法将为分析、计算正弦交流电路带来极大方便。

1. 旋转矢量

设有一正弦电压 $u=U_m\sin(\omega t+\psi)$，它可以用这样的一个旋转矢量来表示：过直角坐标的原点作一矢量，矢量的长度等于该正弦量的最大值 U_m，矢量与横轴正向的夹角等于该正弦量的初相角 ψ，该矢量逆时针方向旋转，其旋转的角速度等于该正弦量的角频率 ω。那么这个旋转矢量任一瞬时在纵轴上的投影，就是该正弦函数 u 在该瞬时的数值。如图

3.4 所示，当 $\omega t=0$ 时，矢量在纵轴上的投影为 $u_0=U_m\sin\psi$；当 $\omega t=\omega t_1$ 时，矢量在纵轴上的投影为 $u_1=U_m\sin(\omega t_1+\psi)$，如此等等。这就说明正弦量可以用一个旋转的矢量来表示。

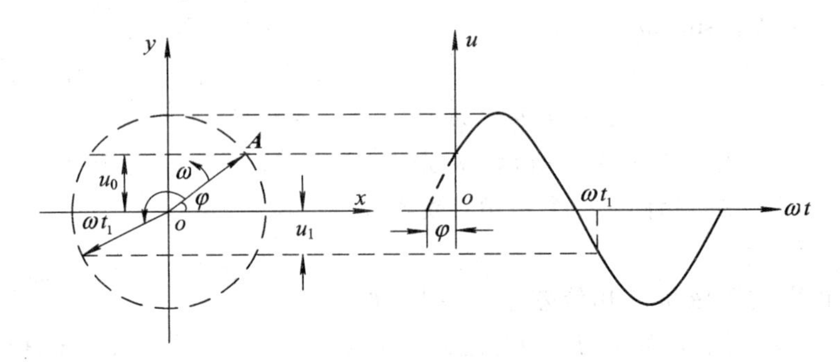

图 3.4　旋转相量与正弦量的关系

求解一个正弦量必须求得它的三个要素。但在实际的正弦交流电路中，由于电路中所有的电压、电流都是同一频率的信号，且它们的频率与已知正弦电源的频率相同，因此通常只要分析正弦量的最大值(或有效值)和初相角两个要素就够了。这样，只需用一个有一定长度、与横轴有一定夹角的矢量来表示正弦量即可。

2. 复数

一个复数有多种表达式，常见的有代数形式、三角函数形式和指数形式三种。

复数的代数形式为

$$A = a + \mathrm{j}b$$

式中，a 与 b 均为实数，分别称为复数 A 的实部和虚部；$\mathrm{j}=\sqrt{-1}$ 为虚数单位(数学中虚数单位用 i 表示，但在电路中因电流用 i 表示，为了避免混淆，虚数单位改用 j 表示)。

复数 A 也可用由实轴与虚轴组成的复平面上的有向线段 $o\boldsymbol{A}$ 矢量来表示，如图 3.5 所示。

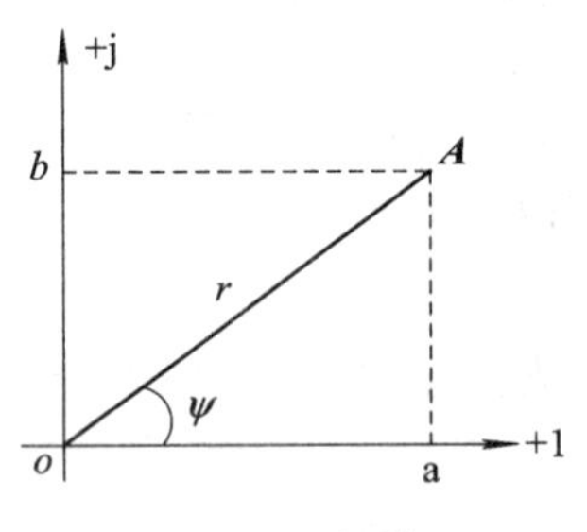

图 3.5　复数

图 3.5 中矢量的长度 $r=\overline{o\boldsymbol{A}}$ 称为复数的模；矢量与实轴的夹角 ψ 称为复数的辐角，各量之间的关系为

$$\begin{cases} r = \sqrt{a^2 + b^2} \\ \psi = \arctan \dfrac{b}{a} \end{cases}$$

其中 $a=r\cos\psi \quad b=r\sin\psi$。

于是可得复数的三角函数形式

$$A = r(\cos\psi + \mathrm{j}\sin\psi)$$

将欧拉公式 $e^{j\psi}=\cos\psi+j\sin\psi$ 代入上式，则得复数的指数形式

$$A = re^{j\psi}$$

也可以得到复数的极坐标形式

$$A = r\angle\psi$$

复数的加、减使用代数形式，乘、除用指数(或极坐标)形式计算较为方便。

设有两个复数 $A_1=a_1+jb_1=r_1\cos\psi_1$，$A_2=a_2+jb_2=r_2\cos\psi_2$，则两个复数之和为

$$A = A_1 + A_2 = (a_1+a_2)+j(b_1+b_2) = a+jb$$

两个复数之积为

$$A = A_1 \cdot A_2 = r_1 r_2 \angle\psi_1+\psi_2$$

3. 正弦量的相量表示

由上述可知，正弦量可以用旋转的矢量来表示，而矢量又可以用复数来表示，因而正弦量就可以用复数来表示。用一个复数来表示正弦量的方法称为正弦量的相量表示法。

前面已经指出，正弦量 $u=U_m\sin(\omega t+\psi)=\sqrt{2}U\sin(\omega t+\psi)$ 可以用直角坐标系中的一个矢量来表示，矢量的长度等于该正弦量的最大值 U_m，矢量与横轴的夹角等于该正弦量的初始角 ψ。如图3.5所示，复平面上有一矢量 $\boldsymbol{oA}$，其长度等于 U_m，它与实轴的夹角为 ψ，那么该复平面上的矢量 $\boldsymbol{oA}$ 即可代表正弦函数 $u=U_m\sin(\omega t+\psi)$。而复平面上的这个矢量又可用复数表示为

$$\dot{U}_m = U_m\angle\psi$$

它既表示了正弦量的大小，又表示了正弦量的初始角。我们把表示正弦量的复数称作正弦量的相量，并在大写的字母上加黑点“·”，这是为了与一般的复数相区别。于是表示电压 $u=U_m\sin(\omega t+\psi)$ 的相量式为

$$\dot{U}_m = U_m(\cos\psi+j\sin\psi) = U_m e^{j\psi} = U_m\angle\psi$$

或者表示为

$$\dot{U} = U(\cos\psi+j\sin\psi) = Ue^{j\psi} = U\angle\psi$$

其中，$\dot{U}_m$、$\dot{U}$ 分别表示最大值相量与有效值相量。

同频率的正弦量按照大小和初相角在复平面上画出的相量图形称为相量图，如图3.6(a)所示，其中有向线段的长度为相量的模；有向线段与实轴的夹角为相量的辐角，且规定逆时针方向为正，顺时针方向为负。

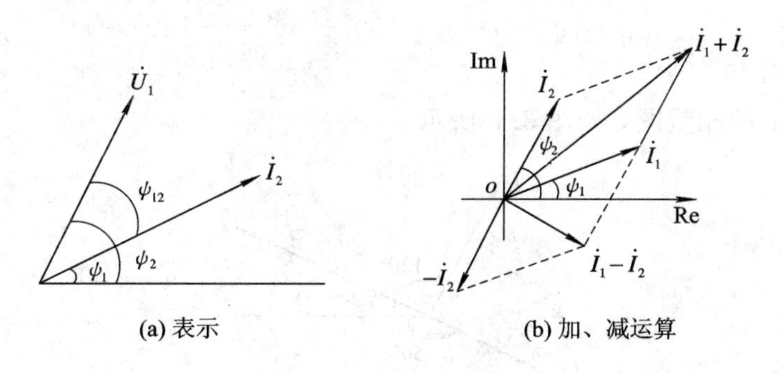

图3.6　正弦量的相量图

只有正弦周期量才能用相量表示，非正弦周期量不能用相量表示。只有同频率的正弦量才能画在同一张相量图上，不同频率的正弦量不能画在一张相量图上。

同频率的正弦量在进行加、减运算时，可以借助相量图，通过几何的方法即平行四边形法则完成，如图 3.6(b)所示。

需要注意的是，有效值相量 $\dot{U}$ 包含两个要素，而有效值 U 只包含一个要素，两者一般不会相等，不能画等号。只有两个要素是不能完整地表示一个正弦量的，因此有效值相量 $\dot{U}$ 与正弦量 u 之间也不能画等号，它们只有对应关系，没有相等关系。

【例 3.2】 已知三个正弦电流分别为 $i_1=5\sqrt{2}\sin(314t+30°)$(A)，$i_2=6\sqrt{2}\cos(314t+30°)$(A)，$i_3=-4\sqrt{2}\sin(314t+30°)$(A)。写出各电流的相量，并计算各电流之间的相位差及绘出电流相量图。

解 (1) 将 i_2 和 i_3 变换为正弦函数。

$$i_2=6\sqrt{2}\cos(314t+30°)=6\sqrt{2}\sin(314t+30°+90°)$$
$$=6\sqrt{2}\sin(314t+120°)\text{(A)}$$
$$i_3=-4\sqrt{2}\sin(314t+30°)=4\sqrt{2}\sin(314t+30°-180°)$$
$$=4\sqrt{2}\sin(314t-150°)\text{(A)}$$

(2) 将正弦电流变换为相量。

$$i_1=5\sqrt{2}\sin(314t+30°)\text{(A)}\rightarrow\dot{I}_1=5\angle30°\ \text{A}$$
$$i_2=6\sqrt{2}\sin(314t+120°)\text{(A)}\rightarrow\dot{I}_2=6\angle120°\ \text{A}$$
$$i_3=4\sqrt{2}\sin(314t-150°)\text{(A)}\rightarrow\dot{I}_3=4\angle-150°\ \text{A}$$

(3) 计算各电流之间的相位差。

i_1 对 i_2 的相位差为

$$\varphi_{12}=\psi_1-\psi_2=30°-120°=-90°$$

表明电流 i_1 滞后 i_2 相位 90°，或者说电流 i_2 超前 i_1 相位 90°。

i_2 对 i_3 的相位差为

$$\varphi_{23}=\psi_2-\psi_3=120°-(-150°)=270°=-90°$$

表明电流 i_2 滞后 i_3 相位 90°，或者说电流 i_3 超前 i_2 相位 90°。

i_3 对 i_1 的相位差为

$$\varphi_{31}=\psi_3-\psi_1=-150°-30°=-180°$$

表明电流 i_3 与 i_1 反相。

(4) 绘出电流的相量图，如图 3.7 所示。

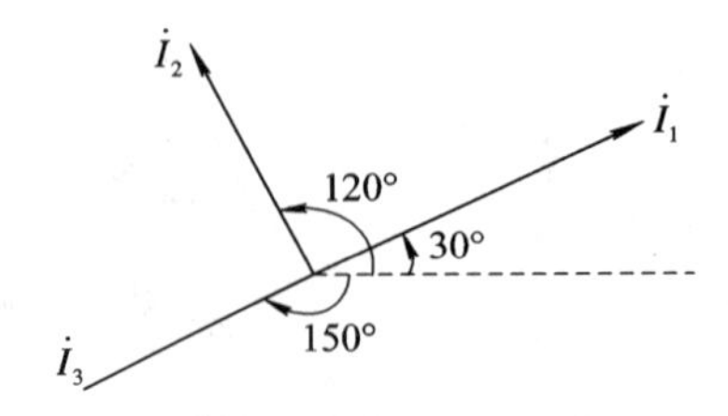

图 3.7 例 3.2 的相量图

3.2　单一参数的正弦交流电路

对于交流电路，相量形式的 KCL、KVL 仍然成立。下面介绍确定电阻、电感、电容元件的 VCR(大小和相位)，并讨论电路中能量的转换和功率问题。

3.2.1　电阻元件的正弦交流电路

1. 电压与电流的关系

图 3.8(a)所示的是一个电阻元件的交流电路，图中的电压和电流的参考方向按关联规定，两者的关系在任何瞬时由欧姆定律确定，即

$$u = Ri \tag{3.8}$$

为了方便起见，设 $i=I_m \sin\omega t$，称之为参考正弦量，则电压

$$u = Ri = RI_m \sin\omega t = U_m \sin\omega t \tag{3.9}$$

可见，u 也是一个正弦量，且与电流 i 的频率相同；相位差 $\varphi=0$，说明电压与电流是同相的。图 3.8(b)所示为电压和电流的波形图。

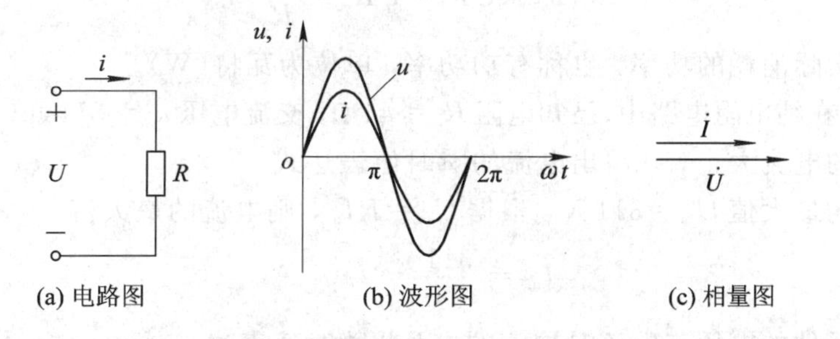

图 3.8　电阻电路的正弦交流电路

大小关系由式(3.9)可得

$$U_m = RI_m \quad 或 \quad U = RI \tag{3.10}$$

交流电路中，电阻的 VCR 和直流电路具有相同的形式，如果用相量表示电阻元件的电压与电流，则为

$$\begin{cases} \dot{I} = \angle 0^\circ \\ \dot{U} = U\angle 0^\circ \end{cases} \tag{3.11}$$

电压与电流的相量图如图 3.8(c)所示。

2. 功率关系

任意瞬时，电压瞬时值 u 与电流瞬时值 i 的乘积称为瞬时功率，用小写字母 p 代表，即

$$p = ui \tag{3.12}$$

电阻的瞬时功率 p 随时间 t 变化的曲线如图 3.9 所示。由于在电阻的交流电路中 u 与 i 同相，$p\geqslant 0$，表明电阻从电源吸收功率并转化为热能。

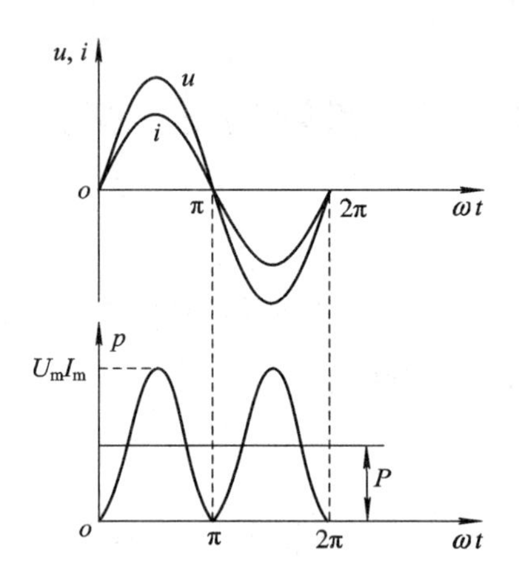

图 3.9 电阻的瞬时功率

在工程计算和测量中常用到平均功率。平均功率是指瞬时功率在一个周期内的平均值，一般用大写字母 P 表示。电阻的平均功率经过分析可表示为

$$P = UI \tag{3.13}$$

根据式(3.10)，电阻的平均功率还可表示为

$$P = UI = I^2R = \frac{U^2}{R} \tag{3.14}$$

平均功率表示实际消耗的功率，也称有功功率，单位为瓦特(W)。

【例 3.3】 在纯电阻电路中，已知电阻 $R = 44\ \Omega$，交流电压 $u = 311\sin(314t + 30°)$(V)。求通过该电阻的电流大小，并写出电流的瞬时值表达式。

解 电压的最大值 $U_m = 311$ V，根据 $U_m = RI_m$，则电流的最大值

$$I_m = \frac{311}{44} = 7.07\ \text{A}$$

由于电阻元件的电压与电流是同相的，因此瞬时值表达式

$$i = 7.07\sin(314t + 30°)(\text{A})$$

3.2.2 电感元件的正弦交流电路

1. 电压与电流的关系

图 3.10(a)所示的是电感的正弦交流电路，电感的电压与电流的参考方向按关联规定。

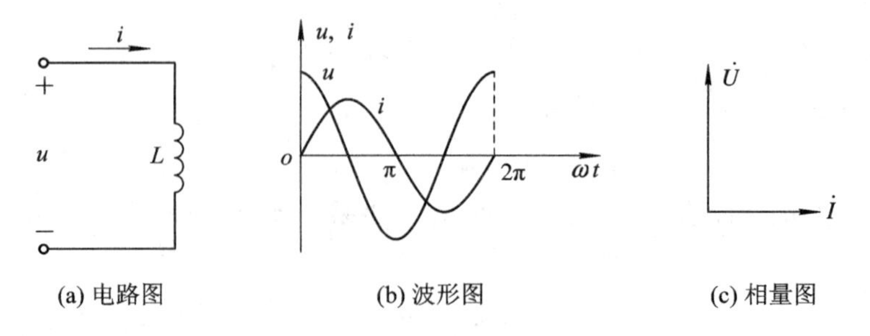

图 3.10 电感的正弦交流电路

设 $i=I_m\sin\omega t$，则

$$u_L(t)=L\frac{di_L(t)}{dt}=L\frac{d}{dt}(I_m\sin\omega t)=\omega LI_m\cos\omega t$$

$$=\omega LI_m\sin\left(\omega t+\frac{\pi}{2}\right)=\sqrt{2}\omega LI\sin\left(\omega t+\frac{\pi}{2}\right) \tag{3.15}$$

可见，u_L也是一个正弦量，且与电流 i 的频率相同；相位差 $\varphi=\psi_u-\psi_i=\pi/2$，说明电压与电流不同相，电压的相位超前电流 $\pi/2$。电压与电流的波形图如图 3.10(b)所示。

大小关系由式(3.15)可得

$$U=\omega LI \tag{3.16}$$

式(3.16)表明，在电感电路中，电压与电流的有效值成正比。由式(3.16)得

$$\frac{U}{I}=\omega L \tag{3.17}$$

式中，ωL 表示电感对电流的阻碍作用，称为电感的电抗，简称感抗，用 X_L表示，单位为欧姆(Ω)。感抗

$$X_L=\omega L=2\pi fL \tag{3.18}$$

注意：感抗不仅与电感 L 有关，还与频率 f 有关。电感线圈对高频电流的阻碍作用很大；对直流电流，由于 $X_L=0$(注意：是 $f=0$，而不是 $L=0$)，因此电感可视为短路。

如果用相量表示电感元件的电压与电流，则为

$$\dot{I}=\angle 0^\circ,\quad \dot{U}=U\angle 90^\circ \tag{3.19}$$

电压与电流的相量图如图 3.10(c)所示。

2. 功率关系

电感的瞬时功率 p 仍为电压与电流瞬时值的乘积，其波形如图 3.11 所示。

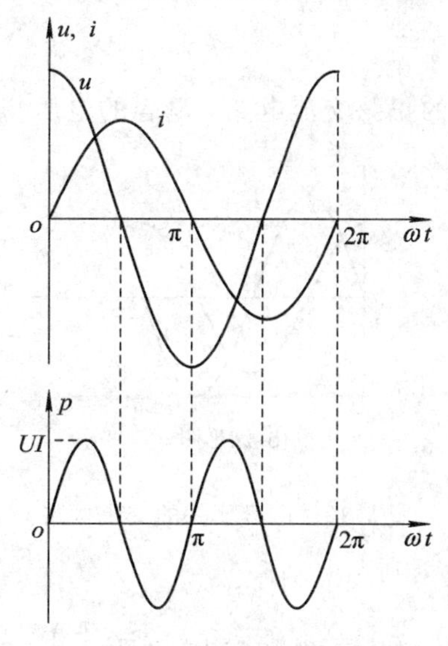

图 3.11　电感的瞬时功率

在第一个和第三个 1/4 周期内，p 为正(u 和 i 实际方向相同)，电感从电源取用功率，把电能转为磁场能储存；在第二个和第四个 1/4 周期内，p 为负(u 或 i 的参考方向与实际方向相反)，电感把磁场能转为电能归还给电源。能量在电源和电感间不断往返，平均功率

为零。通过分析，电感的平均功率

$$P = 0$$

用无功功率衡量电感与电源之间进行能量互换的规模，无功功率用字母 Q 表示，它的单位是乏耳(var)，简称乏。通过分析，电感的无功功率定义为

$$Q_L = UI = I^2 X_L = \frac{U^2}{X_L} \tag{3.20}$$

从图 3.11 所示功率的波形也可以看出，电感在一个周期的平均功率为零。

【例 3.4】 已知一电感 $L=80$ mH，外加电压 $u_L = 50\sqrt{2}\sin(314t + 65°)$(V)。试求：

(1) 感抗 X_L。

(2) 电感中的电流 I_L。

(3) 电流瞬时值 i_L。

解 (1) 电路中的感抗

$$X_L = \omega L = 314 \times 0.08 \approx 25\ \Omega$$

(2) 电流的有效值

$$I_L = \frac{U_L}{X_L} = \frac{50}{25} = 2\ \text{A}$$

(3) 电感电流 i_L 比电压 u_L 滞后 90°，即

$$\varphi = \psi_u - \psi_i = 90°, \quad \psi_i = \psi_u - \varphi = 65° - 90° = -25°$$

则

$$i_L = 2\sqrt{2}\sin(314t - 25°)(\text{A})$$

3.2.3 电容元件的正弦交流电路

1. 电压与电流关系

图 3.12(a)所示的是电容的正弦交流电路，电容的电压与电流的参考方向按关联规定。

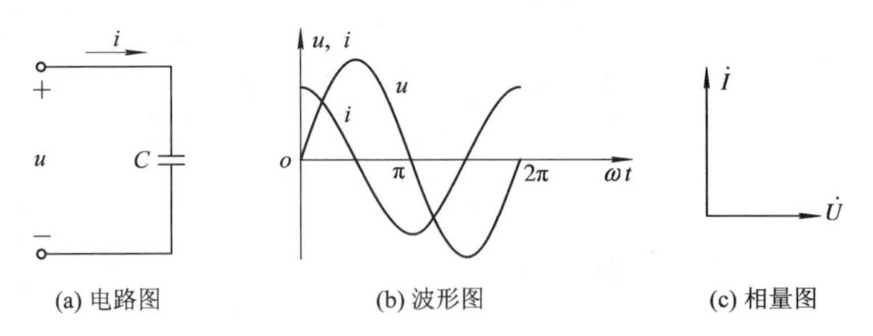

图 3.12 电容元件的交流电路

设 $u=U_m\sin\omega t=\sqrt{2}U\sin\omega t$，则

$$i_C = C\frac{du_C}{dt} = \omega C U_m \cos\omega t = \omega C U_m \sin\left(\omega t + \frac{\pi}{2}\right) = \sqrt{2}\omega C U \sin\left(\omega t + \frac{\pi}{2}\right) \tag{3.21}$$

可见，电流 i_C 也是一个正弦量，且与电压 u 的频率相同；相位差 $\varphi=\psi_u-\psi_i=-\pi/2$，说明电压与电流不同相，电压的相位滞后电流 $\pi/2$。电压与电流的波形图如图 3.12(b)所示。

大小关系由式(3.21)可得

$$I = \omega CU \tag{3.22}$$

式(3.22)表明，在电容电路中，电压与电流的有效值成正比。

由式(3.22)得

$$\frac{U}{I} = \frac{1}{\omega C} \tag{3.23}$$

说明电容电压与电流的有效值之比为$\frac{1}{\omega C}$，它表示电容对电流的阻碍作用，称为电容的电抗，简称容抗，单位为欧姆(Ω)，用 X_C表示。

$$X_C = \frac{1}{\omega C} = \frac{1}{2\pi fC} \tag{3.24}$$

注意：容抗 X_C与电容 C、频率 f 成反比。电容对高频电流的阻碍作用很小；对直流电流，$X_C \to \infty$(注意是 $f=0$，而不是 $C=0$)，则电容可视为开路，这说明了电容“隔直通交”的作用。

若用相量表示电容元件的电压与电流，则为

$$\dot{U} = U\angle 0°, \quad \dot{I} = \angle 90° \tag{3.25}$$

电压与电流的相量图如图 3.12(c)所示。

2. 功率关系

电容瞬时功率 p 仍为电压与电流瞬时值的乘积，其波形图如图 3.13 所示。

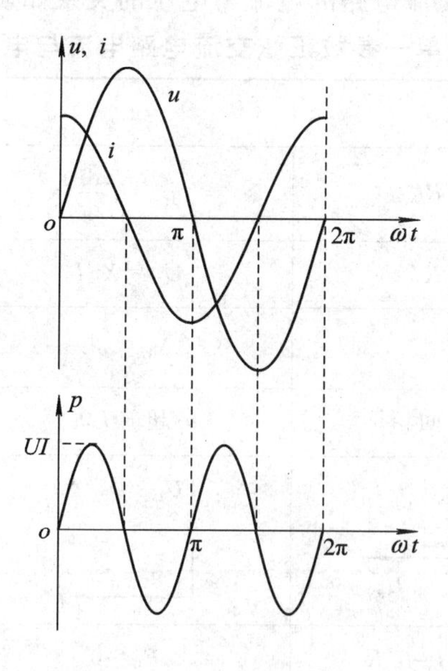

图 3.13　电容的瞬时功率

在第一个和第三个 1/4 周期内，p 为正，电容充电，电容从电源吸收功率，将电能转换为电场能储存；在第二个和第四个 1/4 周期内，p 为负，电容放电，将电场能转换为电能，归还给电源。

通过分析，电容的平均功率

$$P = 0$$

从图 3.13 所示功率的波形也可以看出，电容在一个周期的平均功率为零。

综上所述，电容在一个周期内没有电能的消耗，只有电源与电容之间的能量的互换。其无功功率用字母 Q_C 表示。

$$Q_C = -UI = -I^2 X_C = -\frac{U^2}{X_C} \tag{3.26}$$

式(3.26)中的负号是为了与电感的无功功率加以区别。

【例 3.5】 一个 $C=127\ \mu F$ 的电容，接到频率为 $f=50$ Hz、电压有效值为 $U=20$ V、初相为 20°的正弦电源上。求电流的有效值和瞬时值。

解：(1) 电路中的容抗为

$$X_C = \frac{1}{\omega C} = 25\ \Omega$$

(2) 电流的有效值为

$$I_C = \frac{U}{X_C} = \frac{20}{25} = 0.8\ \text{A}$$

(3) 电容电流比电压超前 90°，即

$$\varphi = \psi_u - \psi_i = -90°, \quad \psi_i - \psi_u - \phi = 20° - (-90°) = 110°$$

则

$$i_C = 0.8\sqrt{2}\sin(314t + 110°)(\text{A})$$

由单一参数组成的正弦交流电路的电流与电压的关系如表 3-1 所示。

表 3-1　单一参数正弦交流电路电流与电压的关系

元件	R	L	C
基本关系	$u_R = Ri$	$u_L = L\frac{di}{dt}$	$u_C = \frac{1}{C}\int_0^t i dt$
有效值关系	$U_R = RI$	$U_L = X_L I$	$U_C = X_C I$
电阻或电抗	R	$X_L = \omega L$	$X_C = \frac{1}{\omega C}$
相位关系	u_R 与 i 同相	u_L 超前 i 90°	u_C 滞后 i 90°
相量图	$\dot{I}$, $\dot{U}_R$	$\dot{U}_L$, $\dot{I}$	$\dot{I}$, $\dot{U}_C$
有功功率	$P_R = U_R I = I^2 R$	$P_L = 0$	$P_C = 0$
无功功率	$Q_R = 0$	$Q_L = U_L I = I^2 X_L$	$Q_C = -U_C I = -I^2 X_C$

3.3　*RLC* 串联交流电路

RLC 串联电路的 VCR 模型可用于各种复杂的交流电路，而单一参数电路、*RL* 串联电

路、RC 串联电路则可看成是它的特例。

3.3.1　电压与电流关系

电阻、电感与电容元件串联的交流电路如图 3.14 所示，电路的各元件通过同一电流。电流与各个电压的参考方向按关联规定。

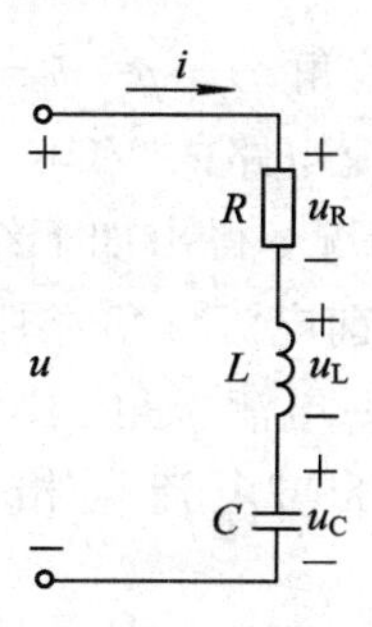

图 3.14　电阻、电感与电容元件串联的交流电路

根据 KVL，可以列写

$$u = u_R + u_L + u_C \tag{3.27}$$

由于 u_R、u_L、u_C 是同频率的正弦量，但有不同的相位，故可用相量来表示，即

$$\dot{U} = \dot{U}_R + \dot{U}_L + \dot{U}_C \tag{3.28}$$

设 $i = I_m \sin\omega t$，根据元件各自的交流 VCR，绘制相量图如图 3.15 所示。

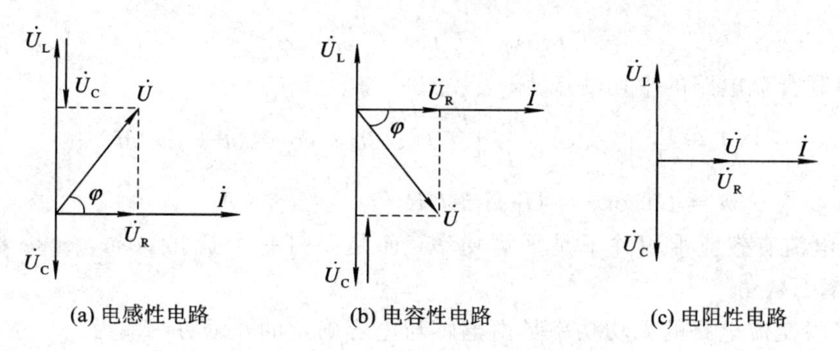

图 3.15　电压与电流的相量图

各元件电压大小不同时，将导致三种情况出现，现以图 3.15(a)为例，分析 RLC 串联电路的 VCR，并通过相量图使用几何方法求解。

在图 3.15(a)中，横轴投影为电阻电压分量大小 $U_R = U\cos\varphi$；纵轴投影为电抗电压分量大小，在一条直线上的分量先合成，即纵轴合成的电压分量 $U_X = (U_L - U_C) = U\sin\varphi$。分量电压与总电压成直角三角形关系，总电压大小

$$U = \sqrt{U_R^2 + (U_L - U_C)^2} \tag{3.29}$$

由于 $U_R = RI$，$U_L = X_L I$，$U_C = X_C I$，故可得

$$U = \sqrt{U_R^2 + (U_L - U_C)^2} = I\sqrt{R^2 + (X_L - X_C)^2}$$

令

$$|Z| = \frac{U}{I} = \sqrt{R^2 + (X_L - X_C)^2} = \sqrt{R^2 + X^2} \tag{3.30}$$

其中，电抗 $X = X_L - X_C$；$|Z|$ 称为电路的阻抗模，是对应阻抗 Z 的大小，它对电流有阻碍作用，单位是欧姆(Ω)。$|Z|$、R、X 之间符合直角三角形的关系，如图 3.16 所示，其中

$$\varphi = \arctan \frac{X_L - X_C}{R} \tag{3.31}$$

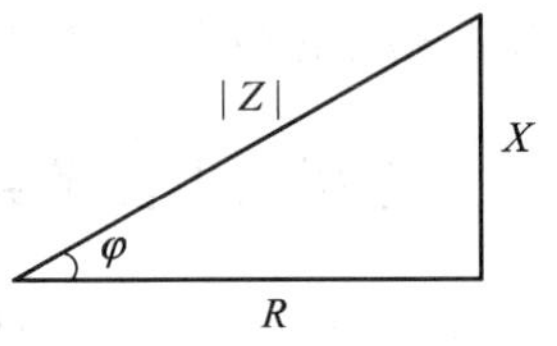

图 3.16　阻抗三角形

称为阻抗角，也是电压与电流的相位差角——$\varphi = \psi_u - \psi_i$。

式(3.30)和式(3.31)也是一般交流电路的 VCR。

分别讨论如图 3.15 所示的三种情况，得出如下结论：

若 $\varphi > 0$，即 $X_L > X_C$，说明电压超前电流 φ 角，则称该电路为感性电路，如图 3.15(a)所示；若 $\varphi < 0$，即 $X_L < X_C$，说明电压滞后电流 φ 角，则称该电路为容性电路，如图 3.15(b)所示；若 $\varphi = 0$，即 $X_L = X_C$，说明电压与电流同相位，则称该电路为电阻性电路，如图 3.15(c)所示。

3.3.2　功率关系

在 RLC 串联的正弦交流电路中，若 u、i 的参考方向关联，且设正弦电流 $i = I_m \sin\omega t$ 通过该电路，则电压 $u = U_m \sin(\omega t + \varphi)$，电路的瞬时功率为

$$\begin{aligned} p = ui &= I_m \sin\omega t \times U_m \sin(\omega t + \varphi) \\ &= \frac{U_m I_m}{2}[\cos\varphi - \cos(2\omega t + \varphi)] \\ &= UI\cos\varphi - UI\cos(2\omega t + \varphi) \end{aligned} \tag{3.32}$$

RLC 串联交流电路的平均功率为

$$\begin{aligned} P &= \frac{1}{T}\int_0^T p\mathrm{d}t = \frac{1}{T}\int_0^T UI[\cos\varphi - \cos(2\omega t + \varphi)]\mathrm{d}t \\ &= UI\cos\varphi = U_R I = I^2 R \end{aligned} \tag{3.33}$$

电压与电流有效值乘积并不是平均功率，而是要打一个折扣 $\cos\varphi$，$\cos\varphi$ 称为功率因数，φ 是功率因数角。

RLC 串联交流电路的无功功率是由电感与电容确定的，无功功率为

$$Q = Q_L + Q_C = U_L I - U_C I = (U_L - U_C)I = UI\sin\varphi = I^2 X \tag{3.34}$$

由式 $P = UI\cos\varphi$ 可见，由于电压和电流在一般情况下不相同，电压与电流有效值乘积 UI 叫做视在功率，用 S 表示，即

$$S = UI = \sqrt{P^2 + Q^2} = I^2 |Z| \tag{3.35}$$

视在功率的单位为伏安(V·A)。在实际工程中，变压器的供电能力(或称为变压器的容量)就是用视在功率表示的。

各功率大小之间构成直角三角形，称为功率三角形。功率三角形与电压三角形、阻抗三角形相似，如图 3.17 所示。

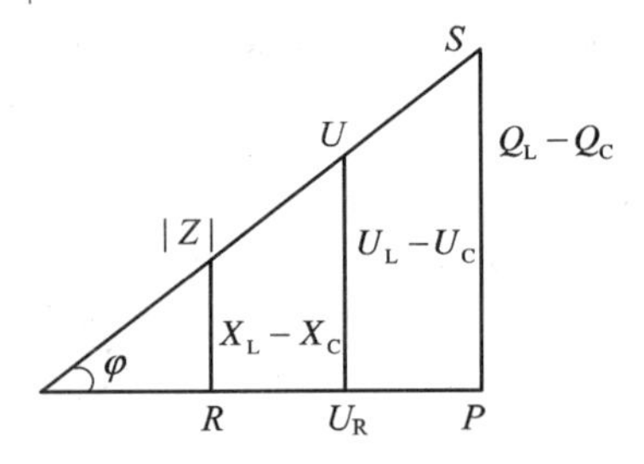

图 3.17　相似三角形

功率因数

$$\cos\varphi = \frac{P}{S} \tag{3.36}$$

功率因数角就是阻抗角，也是总电压和总电流的相位差角。

【例3.6】 在 RL 串联电路中，已知电阻 $R=40\ \Omega$，电感 $L=95.5\ \text{mH}$，外加频率为 $f=50\ \text{Hz}$、$U=200\ \text{V}$ 的交流电压源。试求：

(1) 电路中的电流 I。

(2) 各元件电压 U_R、U_L。

(3) 总电压与电流的相位差 φ。

解 (1) $X_L=2\pi fL\approx 30\ \Omega$，$X_C=0$，$|Z|=\sqrt{R^2+X_L^2}=50\ \Omega$，则 $I=\dfrac{U}{|Z|}=4\ \text{A}$。

(2) $U_R=RI=160\ \text{V}$，$U_L=X_LI=120\ \text{V}$，$U_C=0$，$U=\sqrt{U_R^2+U_L^2}$。

(3) $X_C=0$，$\varphi=\arctan\dfrac{X_L}{R}=\arctan\dfrac{30}{40}=36.9°$，则 $\varphi=\psi_u-\psi_i>0$，即总电压 u 比电流 i 超前 $36.9°$，电路呈感性。

【例3.7】 有一个 RLC 串联电路，$u=220\sqrt{2}\sin(314t+30°)(\text{V})$，$R=30\ \Omega$，$L=254\ \text{mH}$，$C=80\ \mu\text{F}$。计算：

(1) 感抗、容抗及阻抗。

(2) 电流的有效值 I 及瞬时值 i。

(3) 电压有效值 U_R、U_L、U_C。

(4) P 及 Q。

解 (1) 感抗 $X_L=\omega L=314\times 254\times 10^{-3}=80\ \Omega$。

容抗 $X_C=\dfrac{1}{\omega C}=\dfrac{1}{314\times 80\times 10^{-6}}=40\ \Omega$。

阻抗 $|Z|=\sqrt{R^2+(X_L-X_C)^2}=50\ \Omega$。

(2) $I=\dfrac{U}{|Z|}=4.4\ \text{A}$。

阻抗角 $\varphi=\arctan\dfrac{X_L-X_C}{R}=53.1°$。

$$\varphi=\psi_u-\psi_i=53.1°>0\ (\text{感性})。$$

$$\psi_i=\psi_u-\varphi=30°-53.1°=-23.1°。$$

故 $i=4.4\sqrt{2}\sin(314t-23.1°)(\text{A})$。

(3) 各分电压有效值：$U_R=IR=132\ \text{V}$，$U_L=IX_L=352\ \text{V}$，$U_C=IX_C=176\ \text{V}$。

注意：在交流电路中会出现分电压 $U_L=352\ \text{V}$ 高于总电压 220 V 的现象。分电压的有效值之和 $U_R+U_L+U_C=660\ \text{V}$ 不等于总电压的有效值 $U=220\ \text{V}$，只有相量才满足关系 $\dot{U}=\dot{U}_R+\dot{U}_L+\dot{U}_C$。一般交流电路的 VCR 则要用式(3.30)和式(3.31)分别计算电压、电流的大小关系和相位关系。

(4) 因为只有电阻才消耗平均功率，故 $P=I^2R=583\ \text{W}$；$Q=Q_L-Q_C=IU_L-IU_C=774\ \text{var}$，因为 $Q>0$，所以电路呈电感性。

3.4 阻抗的串联与并联

在交流电路中，阻抗的连接形式多种多样，其中最简单和最常用的是串联和并联。

3.4.1 阻抗的串联

图 3.18(a)所示的是两个阻抗串联的电路。根据 KVL 可以写出它的相量表示式为

$$\dot{U}=\dot{U}_1+\dot{U}_2=Z_1\dot{I}+Z_2\dot{I}=(Z_1+Z_2)\dot{I}$$

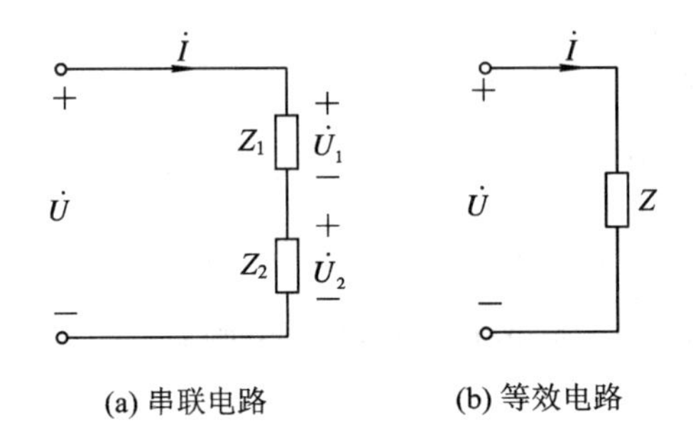

图 3.18 阻抗的串联

两个串联的阻抗可以用一个等效阻抗 Z 来代替，在相同电压的作用下，电路中电流的有效值和相位保持不变。根据图 3.17(b)所示的等效电路写出

$$\dot{U}=Z\dot{I} \tag{3.37}$$

比较以上两式，可知等效阻抗为

$$Z=Z_1+Z_2 \tag{3.38}$$

若推广到 k 个阻抗串联的电路，则总阻抗为

$$Z=Z_1+Z_2\cdots+Z_k=\sum Z_k=\sum R_k+\mathrm{j}\sum X_k=|Z|\mathrm{e}^{\mathrm{j}\varphi} \tag{3.39}$$

其中

$$|Z|=\sqrt{\left(\sum R_k\right)^2+\left(\sum X_k\right)^2},\quad \varphi=\arctan\frac{\sum X_k}{\sum R_k}$$

$|Z|$称为阻抗模。在上述各式的 $\sum X_k$ 中，感抗 X_L取正号，容抗 X_C取负号。

【例 3.8】 在图 3.18(a)所示的电路中，阻抗 $Z_1=(6.16+\mathrm{j}9)\ \Omega$，$Z_2=(2.5-\mathrm{j}4)\ \Omega$，它们串联接在 $\dot{U}=220\angle 30°\ \mathrm{V}$ 的电源上。试用相量计算电路中的电流 $\dot{I}$ 和各个阻抗上的电压 $\dot{U}_1$ 和 $\dot{U}_2$。

解 由等效阻抗可知

$$Z=Z_1+Z_2=\sum R_k+\mathrm{j}\sum X_k=[(6.16+2.5)+\mathrm{j}(9-4)]$$
$$=(8.66+\mathrm{j}5)=10\angle 30°\Omega$$

$$\dot{I}=\frac{\dot{U}}{Z}=\frac{220\angle 30°}{10\angle 30°}=22\angle 0°\ \mathrm{A}$$

$$\dot{U}_1=Z_1\dot{I}=(6.16+\mathrm{j}9)22=10.9\angle 55.6°\times 22=239.8\angle 55.6°\ \mathrm{V}$$
$$\dot{U}_2=Z_2\dot{I}=(2.5-\mathrm{j}4)22=4.71\angle -58°\times 22=103.6\angle 58°\ \mathrm{V}$$

3.4.2 阻抗的并联

图 3.19(a)所示的是两个阻抗并联的电路。根据 KVL 可写出它的相量表示式为

$$\dot{I}=\dot{I}_1+\dot{I}_2=\frac{\dot{U}_1}{Z_1}+\frac{\dot{U}_2}{Z_2}=\dot{U}\left(\frac{1}{Z_1}+\frac{1}{Z_2}\right)=\dot{U}\,\frac{1}{Z}$$

两个并联的阻抗也可以等效为一个阻抗 Z，即

$$\frac{1}{Z}=\frac{1}{Z_1}+\frac{1}{Z_2}\tag{3.40}$$

或

$$Z=\frac{Z_1Z_2}{Z_1+Z_2}$$

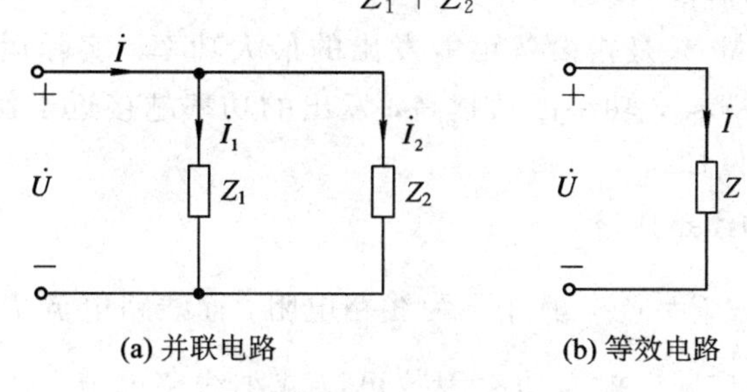

图 3.19　阻抗的并联

若推广到 k 个阻抗并联的电路，则总阻抗为

$$Z=\frac{1}{\sum\frac{1}{Z_K}}\tag{3.41}$$

【例 3.9】 如图 3.20 所示的电路中，已知 $u=100\sqrt{2}\sin(314t+45°)$ V，$R=X_L=X_C=5\ \Omega$。求电路中的电流 i_1、i_2、i。

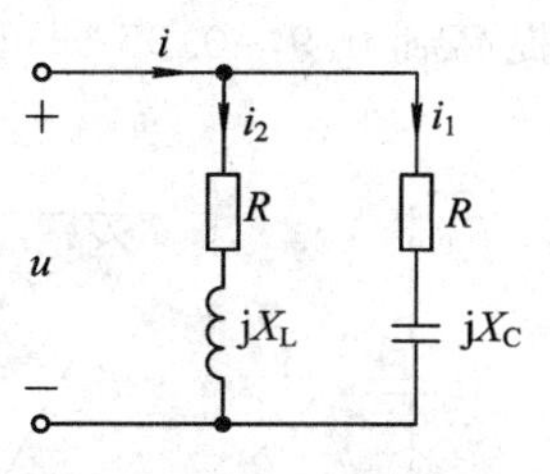

图 3.20　例 3.9 图

解　由已知可得：$\dot{U}=100\angle45°$ V，$Z_1=(R-\mathrm{j}X_C)=(5-\mathrm{j}5)\Omega$，$Z_2=(R+\mathrm{j}X_L)=(5+\mathrm{j}5)\Omega$，电路的等效阻抗为

$$Z=\frac{Z_1Z_2}{Z_1+Z_2}=\frac{(5-\mathrm{j}5)(5+\mathrm{j}5)}{(5-\mathrm{j}5)+(5+\mathrm{j}5)}=5\ \Omega$$

$$\dot{I}=\frac{\dot{U}}{Z}=\frac{100\angle45°}{5}=20\angle45°\ \mathrm{A},\quad i=20\sqrt{2}\sin(314t+45°)\ (\mathrm{A})$$

$$\dot{I}_1=\frac{\dot{U}}{Z_1}=\frac{100\angle45°}{5-\mathrm{j}5}=10\sqrt{2}\angle90°\ \mathrm{A},\quad i_1=20\sin(314t+45°)\ (\mathrm{A})$$

$$\dot{I}_2=\frac{\dot{U}}{Z_2}=\frac{100\angle45°}{5+\mathrm{j}5}=10\sqrt{2}\angle0°\ \mathrm{A},\quad i_1=20\sin(314t)\ (\mathrm{A})$$

3.5　功率因数的提高

计算交流电路的平均功率时要考虑电压与电流之间的相位差 φ，即 $P=UI\cos\varphi$，其中

$\cos\varphi$ 是电路的功率因数。只有在纯电阻负载(例如白炽灯、电阻炉等)的情况下，电压和电流才同相，其功率因数为 1。电感、电容性负载(例如电动机、变压器等)的功率因数均介于 0 与 1 之间。

3.5.1 提高功率因数的意义

1. 使电源设备得到充分利用

电源设备的额定容量 S_N 是指设备可能发出的最大功率。实际运行中设备发出的功率 P 还要取决于功率因数 $\cos\varphi$，功率因数越高，发出的功率越接近于额定容量，电源设备的能力也就越能得到充分发挥。

2. 降低线路损耗和线路压降

输电线上的损耗为 $\Delta P = I^2 r$，其中 r 为线路电阻，而线路电流 $I = \dfrac{P}{U\cos\varphi}$。当电源电压 U 及输出有功功率 P 一定时，提高功率因数可以减小线路电流，从而降低传输线上的损耗，提高供电质量。另外，提高功率因数还可以节约铜材。

由上所述可知，提高电网的功率因数对国民经济的发展有着极为重要的意义。

3.5.2 提高功率因数的方法

实际负载大多数是感性的，如工业中大量使用的感应电动机、照明日光灯等。为了提高功率因数并且不改变负载的工作条件，通常采用对电感性负载并联电容的补偿方法，如图 3.21(a)所示。一般将功率因数提高到 0.9～0.95 即可。

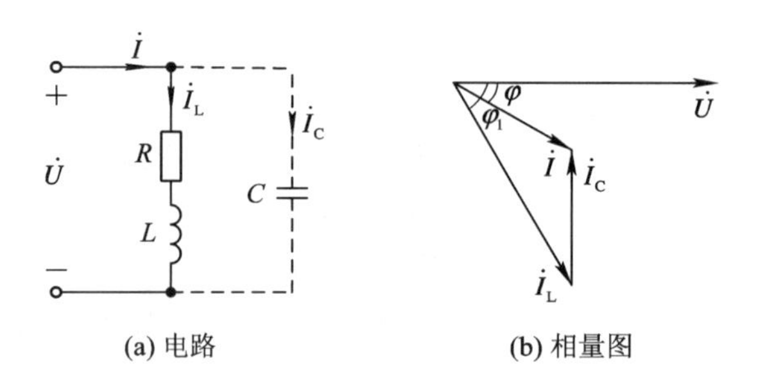

图 3.21 提高感性负载的功率因数

由图 3.21(b)可知，并联电容以后，电感性负载的电流 $I_L = \dfrac{U}{\sqrt{R^2 + X_L^2}}$ 和功率因数 $\cos\varphi_1 = \dfrac{R}{\sqrt{R^2 + X_L^2}}$ 均未变化，这是因为负载所加电压和负载参数没有变化，但电路的电压 u 和线路电流 i 之间的相位差 φ 变小了，即 $\cos\varphi$ 变大了，所以整个电路的功率因数提高了。而并联电容以后，电路的有功功率并未改变，因为电容是不消耗功率的。

根据图 3.21(b)所示的相量图中的几何关系和电路的功率关系，可得

$$
\begin{aligned}
I_C &= I_L \sin\varphi_1 - I\sin\varphi = \left(\frac{P}{U\cos\varphi_1}\right)\sin\varphi_1 - \left(\frac{P}{U\cos\varphi}\right)\sin\varphi \\
&= \frac{P}{U}(\tan\varphi_1 - \tan\varphi) \qquad (3.42)
\end{aligned}
$$

根据电容的VCR，得

$$I_C = \frac{U}{X_C} = U\omega C \tag{3.43}$$

比较式(3.42)与式(3.43)，得

$$U\omega C = \frac{P}{U}(\tan\varphi_1 - \tan\varphi) \tag{3.44}$$

所以补偿电容

$$C = \frac{P}{U^2\omega}(\tan\varphi_1 - \tan\varphi) \tag{3.45}$$

通常，用电单位会在变电所集中安装补偿电容。

提高功率因数的另一个方法，就是在设计时按负载的需要选择机械设备的额定功率，该值不能过大，尽量避免“大马拉小车”的现象，因为设备欠载运行时的功率因数只有0.2～0.3。

【例3.10】 有一电感性负载，其功率 $P=10$ kW，$\cos\varphi=0.6$，接在电压 $U=220$ V、$f=50$ Hz 的电源上。

(1) 如果将功率因数提高到 $\cos\varphi'=0.95$，需要并联多大的电容？并求并联电容前、后的线路的电流。

(2) 如果将 $\cos\varphi$ 从0.95提高到1，试问还需并联多大的电容？

解 (1) 由 $\cos\varphi=0.6$ 可得 $\varphi=53°$；由 $\cos\varphi'=0.95$ 可得 $\varphi'=18°$。

所以将功率因数从 $\cos\varphi=0.6$ 提高到 $\cos\varphi'=0.95$ 时，需要并联的电容为

$$C = \frac{P}{\omega U^2}(\tan\varphi_1 - \tan\varphi_2) = \frac{10\times 10^3}{314\times 220^2}(\tan 53° - \tan 18°)$$
$$= 6.56\times 10^{-4} = 656\ \mu\text{F}$$

并联电容前的线路电流为

$$I_1 = \frac{P}{U\cos\varphi_1} = \frac{10\times 10^3}{220\times 0.6} = 75.6\ \text{A}$$

并联电容后的线路电流为

$$I = \frac{P}{U\cos\varphi} = \frac{10\times 10^3}{220\times 0.95} = 47.8\ \text{A}$$

(2) $\cos\varphi$ 从0.95提高到1时所需要增加的电容值为

$$C = \frac{10\times 10^3}{314\times 220^2}(\tan 18° - \tan 0°) = 2.136\times 10^{-4} = 213.6\ \mu\text{F}$$

可见，在 $\cos\varphi$ 接近1时，若再继续提高 $\cos\varphi$，则需要的电容值很大(不经济)，所以一般不必将 $\cos\varphi$ 值提高到1。

3.6　电路的谐振

在具有电阻 R、电感 L 和电容 C 的交流电路中，调节电路元件(L 或 C)的参数或电源频率 f，可以使整个电路呈现为纯电阻性，将电路的这种状态称为谐振。发生在串联电路中的谐振称为串联谐振；发生在并联电路中的谐振称为并联谐振。

在无线电技术中利用谐振可以获得比输入电压高许多倍的电压，但在电力系统中常常

由于谐振而产生的过电压、过电流将会破坏电力系统的正常工作。

下面分别讨论串联谐振和并联谐振电路的条件和特征。

3.6.1 串联谐振

由谐振的定义可知，在图3.14所示的RLC串联电路中，若

$$X_L = X_C \quad 或 \quad \omega L = \frac{1}{\omega C} \tag{3.46}$$

电路中电压与电流的相位差 $\varphi=0$，电压与电流同相，电路呈电阻性，则该状态称为串联谐振。

谐振中的角频率与频率分别称为谐振角频率与谐振频率，用 ω_0 与 f_0 表示。式(3.46)是发生串联谐振的条件，并由此得到串联谐振的频率为

$$\omega_0 = \frac{1}{\sqrt{LC}} \quad 或 \quad f_0 = \frac{1}{2\pi\sqrt{LC}} \tag{3.47}$$

只要改变交流电路的电源频率 f、电感 L、电容 C 三个量中的任意一个，都可以使电路发生谐振。

串联谐振具有以下特征：

(1) 电路阻抗模 $|Z|=\sqrt{R^2+(X_L-X_C)^2}=R$，其值最小。因此，在电压一定的条件下，电路中的电流在谐振时达到最大值，即

$$I = I_0 = \frac{U}{|Z|} = \frac{U}{R} \tag{3.48}$$

(2) 串联谐振时，由式(3.46)和VCR可知，电感、电容及电阻的电压为

$$\begin{cases} U_L = X_L I = X_L \dfrac{U}{R} \\ U_C = X_C I = X_C \dfrac{U}{R} \\ U_R = U \end{cases} \tag{3.49}$$

当 $X_L=X_C\gg R$ 时，U_L 和 U_C 都远高于电源的电压 U，这可能会击穿线圈和电容的绝缘层。因此在电力工程中，一般应避免发生串联谐振。但是在无线电工程中，可利用串联谐振在电感与电容上获得高于信号电压几十甚至几百倍的电压。

通常把电感(或电容)电压与电源电压的比值称作谐振电路的品质因数，用 Q 表示。即

$$Q = \frac{U_{L0}}{U} = \frac{U_{C0}}{U} = \frac{\omega_0 L}{R} = \frac{1}{\omega_0 RC} \tag{3.50}$$

在串联谐振时，由于电压与电流同相位，即 $\varphi=0$，因此，电路的平均功率为

$$P = UI\cos\varphi = UI \tag{3.51}$$

无功功率为

$$Q = UI\sin\varphi = I(U_L - U_C) = 0 \tag{3.52}$$

即

$$Q_L = -Q_C \tag{3.53}$$

由式(3.51)与式(3.52)可知，串联谐振时，$P=S$，即电源只向电阻提供平均功率(或有功功率)，电容与电感所需的无功功率完全由两者之间互相补偿。

3.6.2　并联谐振

在图 3.22 所示的电路中发生的谐振称为并联谐振。在一般情况下，线圈的电阻 R 很小，线圈的感抗 $\omega L \gg R$，经过分析可知，并联谐振的条件为

$$\omega C \approx \frac{1}{\omega L} \tag{3.54}$$

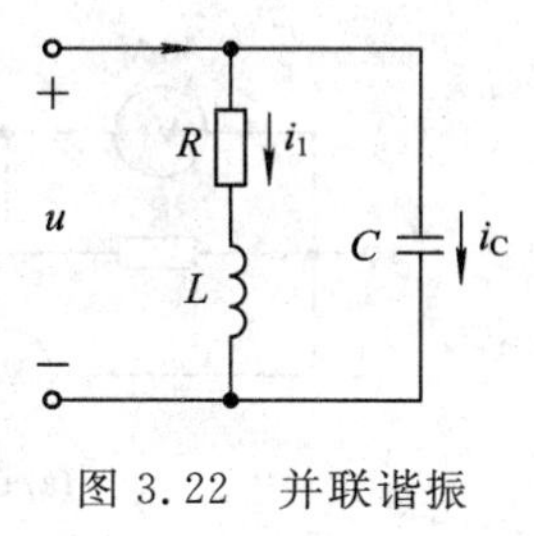

图 3.22　并联谐振

由此可得谐振角频率与谐振频率为

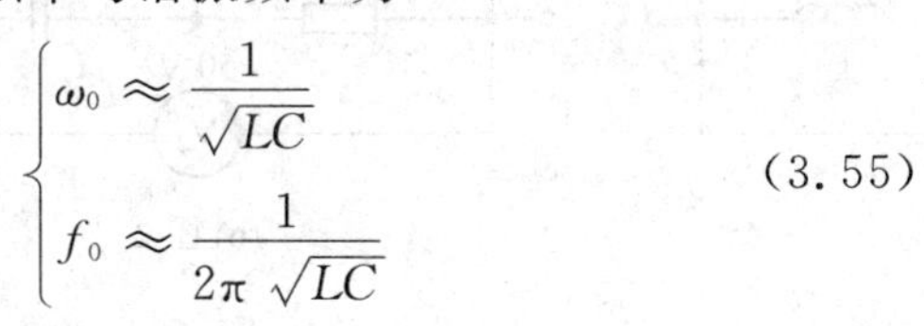

$$\begin{cases} \omega_0 \approx \dfrac{1}{\sqrt{LC}} \\ f_0 \approx \dfrac{1}{2\pi\sqrt{LC}} \end{cases} \tag{3.55}$$

并联谐振具有以下特征：

(1) 总电流与电源的电压同相位，电路呈电阻性。

(2) 电感电流与电容电流大小相等、相位相反，总电流最小，并联阻抗 Z_0 最大。

(3) 电感支路与电容支路的电流可能大大超过总电流。

习　题　3

3-1　已知正弦电压的瞬时值分别为

$$u_1 = 220\sqrt{2}\sin(314t + 30^\circ)\ (\text{V})$$

$$u_2 = 127\sqrt{2}\sin(314t - 45^\circ)\ (\text{V})$$

$$u_3 = 380\sqrt{2}\sin(314t + 90^\circ)\ (\text{V})$$

(1) 指出它们的幅值、有效值；频率、周期；初相位。

(2) 用相量式表示上述正弦电压，并画出它们的相量图。

3-2　如图 3.23 所示的相量图，并已知 $U=220$ V，$I_1=10$ A，$I_2=5\sqrt{2}$ A。试分别用瞬时值表达式表示各正弦量。

3-3　在图 3.24 所示的电感元件的正弦交流电路中，$L=100$ mH，$f=50$ Hz，已知 $i=7\sqrt{2}\sin\omega t$(A)。求电压 u。

3-4　在图 3.25 所示的电容元件的正弦交流电路中，$C=4$ μF，$f=50$ Hz，已知 $u=220\sqrt{2}\sin\omega t$(V)。求电流 i，并画相量图。

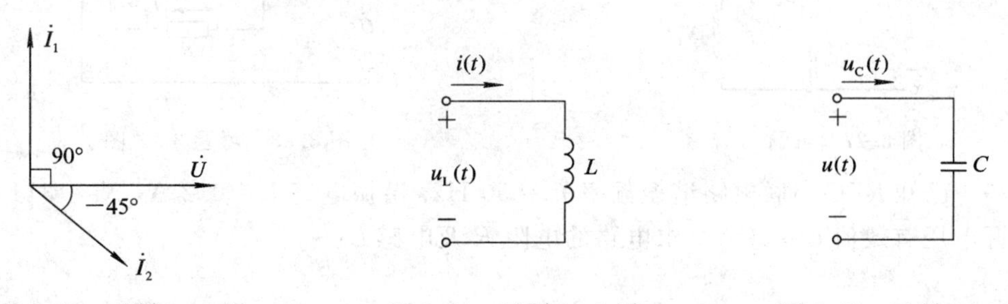

图 3.23　习题 3-2 图　　图 3.24　习题 3-3 图　　图 3.25　习题 3-4 图

3-5　RLC 串联交流电路，已知 $R=10\ \Omega$，$L=0.1\ \mathrm{H}$，$C=0.1\ \mu\mathrm{F}$，$\omega=10^4\ \mathrm{rad/s}$，现测得电阻上的电压 $U_R=10\ \mathrm{mV}$。试求电流、电感电压，电容电压以及总电压的有效值，并求该电路的平均功率 P 与无功功率 Q。

3-6　如图 3.26(a)～(g)所示的电路，求各电压表和电流表的读数。

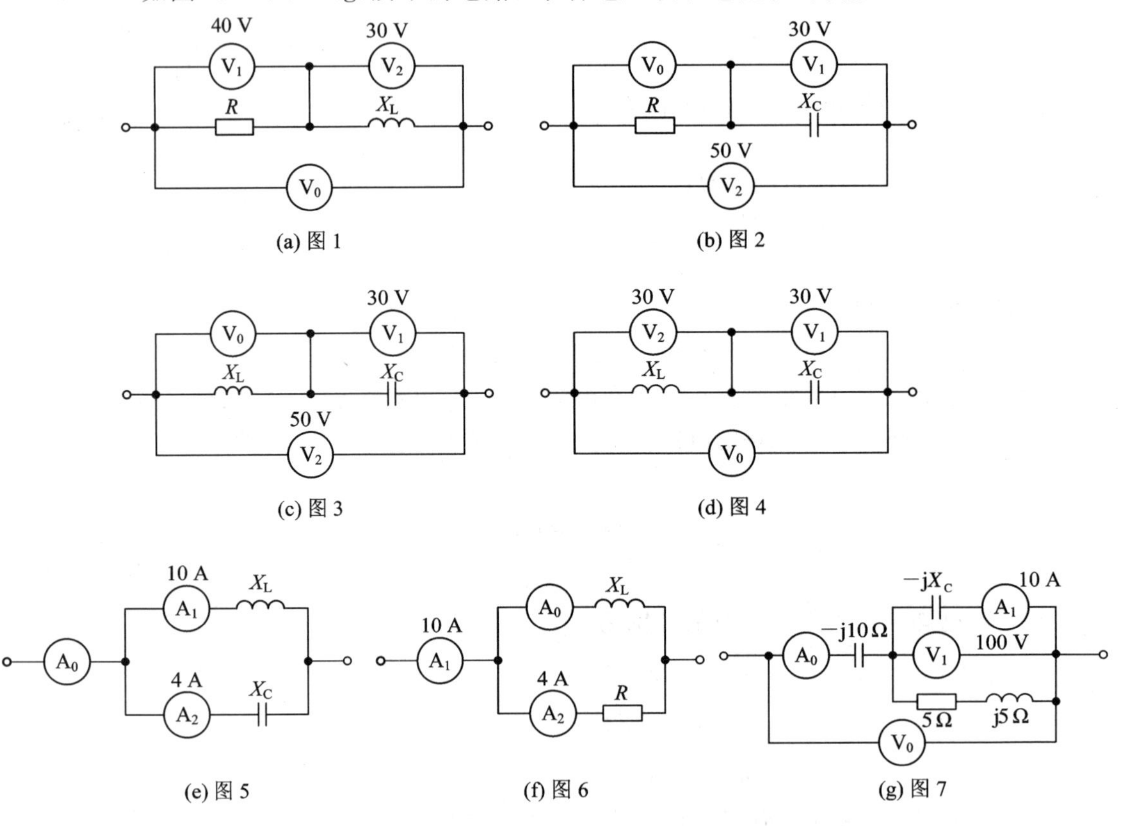

图 3.26　习题 3-6 图

3-7　在图 3.27 所示的电路中，已知 $U=220\ \mathrm{V}$，$R_1=10\ \Omega$，$X_1=10\sqrt{3}$，$R_2=20\ \Omega$，求各电流及平均功率。

3-8　在图 3.28 所示的电路中，已知 $I_1=I_2=10\ \mathrm{A}$，$U=100\ \mathrm{V}$，u 与 i 同相。求：X_L、X_C 及 R。

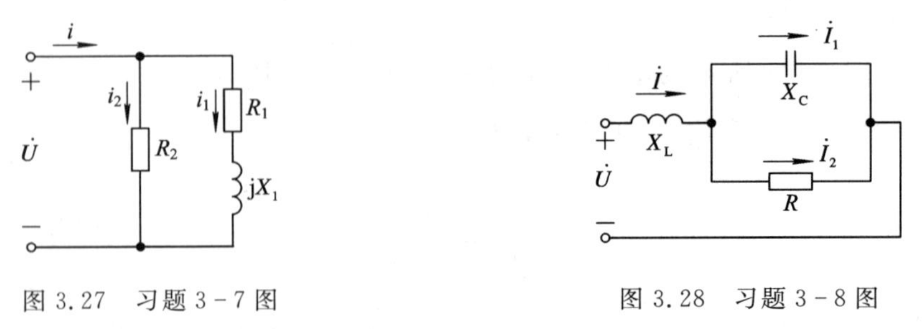

图 3.27　习题 3-7 图　　　　图 3.28　习题 3-8 图

3-9　已知 RLC 串联电路谐振频率 $f_0=50\ \mathrm{Hz}$，谐振电流 $I_0=0.2\ \mathrm{A}$，$X_C=314\ \Omega$，并测得电源电压有效值 $U=20\ \mathrm{V}$。求电路的电阻 R 及电感 L。

第4章 供电与用电

目前，世界各国的电力系统中多采用三相制供电系统进行电能的生产、输送和分配。三相制供电系统包括三相电源、三相负载和三相输电线路。

本章首先介绍三相电源的产生，随后介绍三相电源和三相负载的连接方式，以及对称三相电路中电流、电压和功率的计算方法。此外，为了防止发生用电事故，保障用电安全，本章还介绍了一些安全用电方面的基本知识，包括触电防护、静电防护、电器防火和防暴等。

4.1 三相电源

发电厂采用三相交流发电机来产生三相正弦交流电。图4.1(a)给出了三相同步交流发电机的工作原理，发电机主要由外部的电枢和内部的磁极两部分构成。电枢是固定的，也叫定子，定子铁芯由硅钢片叠成，固定在机座里，其内圆表面冲有均匀分布的槽，槽内对称嵌放着三组电枢绕组 L_1L_1'、L_2L_2'、L_3L_3'。每组绕组有 N 匝线圈，称为一相，如图4.1(b)所示。L_1、L_2、L_3 为三相定子绕组的始端，对应的末端分别为 L'_1、L_2'、L_3'。三相绕组在槽内放置时，要求各相绕组的始端(或末端)彼此间隔120°。

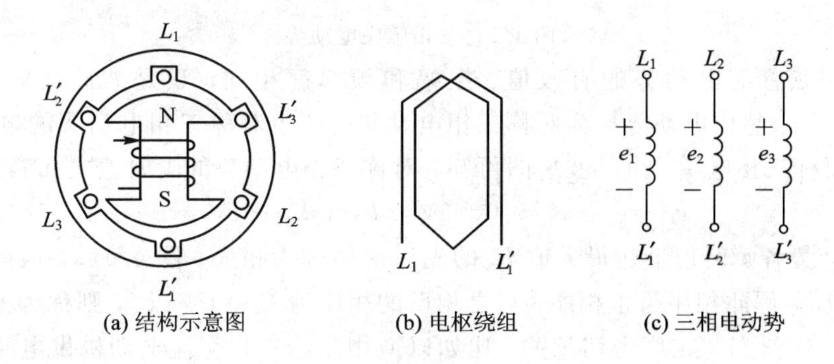

图4.1 三相交流发电机

磁极是转动的，也称转子。转子铁芯上绕有励磁绕组，当通过直流电流进行励磁时，可产生恒磁通。若转子旋转时，在转子周围将形成一个转动磁极S-N，该磁通经定子铁芯闭合。只要选择合适的极面形状和励磁绕组的布置情况，可使空气隙中的磁感应强度按正弦规律分布。

当转子由原动机(水轮机、汽轮机等)带动，以匀速沿顺时针方向旋转时，定子三相绕组依次切割转子磁极的磁感线，分别产生正弦感应电动势 e_1、e_2 及 e_3，电动势的参考方向选定为自绕组的末端指向始端，如图 4.1(c)所示。由于三个绕组的结构完全相同，又是以同一速度切割同一转子磁极的磁感线，只是绕组的轴线互差 120°，因而感应电动势 e_1、e_2 及 e_3 的振幅和频率是一样的，而彼此间的相位互差 120°。e_1 比 e_2 在相位上超前 120°，e_2 比 e_3 也超前 120°，而 e_3 又比 e_1 超前 120°。若以 e_1 为参考，则可表示为

$$\begin{cases} e_1 = E_m \sin\omega t \\ e_2 = E_m \sin(\omega t - 120°) \\ e_3 = E_m \sin(\omega t - 240°) = E_m \sin(\omega t + 120°) \end{cases} \tag{4.1}$$

其中，E_m 为感应电动势的最大值。

三相感应电动势的波形如图 4.2(a)所示，对应的相量表示为

$$\begin{cases} \dot{E}_1 = E\angle 0° \\ \dot{E}_2 = E\angle -120° \\ \dot{E}_3 = E\angle 120° \end{cases} \tag{4.2}$$

式中，E 为电动势的有效值，且有 $E=E_m/\sqrt{2}$。相量图如图 4.2(b)所示。

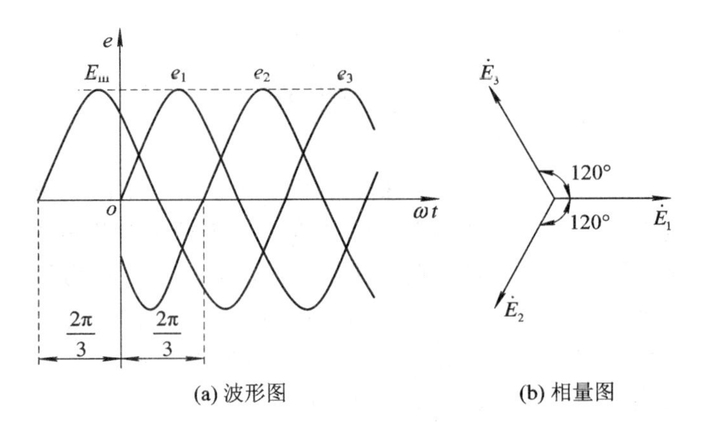

图 4.2 三相感应电动势

这三个正弦感应电动势的有效值、振幅和频率都相同，只是彼此之间的相位互差 120°，则将这三个感应电动势称为对称三相电动势。产生对称三相电动势的电源称为对称三相电源，简称三相电源。由其波形图可知，对称三相电动势的瞬时值之和满足

$$e_1 + e_2 + e_3 = 0 \quad 或 \quad \dot{E}_1 + \dot{E}_2 + \dot{E}_3 = 0$$

三相电动势各瞬时值抵达最大值 E_m 的先后次序称为相序。图 4.1(a)所示电源的相序为 $L_1 \to L_2 \to L_3$，称此相序为正相序；与之相反的相序为 $L_1 \to L_3 \to L_2$，则称为逆相序。一些三相负载的工作状态与相序密切相关，比如以逆相序给三相交流电动机供电时，会使电动机反转。

三相交流发电机在向外供电时，它的三个定子绕组有两种基本的连接方式，分别为星形(Y 形)连接和三角形(△形)连接，这两种连接方式提供的电压有所不同。

4.1.1 三相电源的星形连接

将三相电源绕组的末端 L_1'、L_2'、L_3' 连接在一点，始端 L_1、L_2、L_3 分别与负载相连，这种连接方式就叫做三相电源的星形连接，如图 4.3(a)所示。

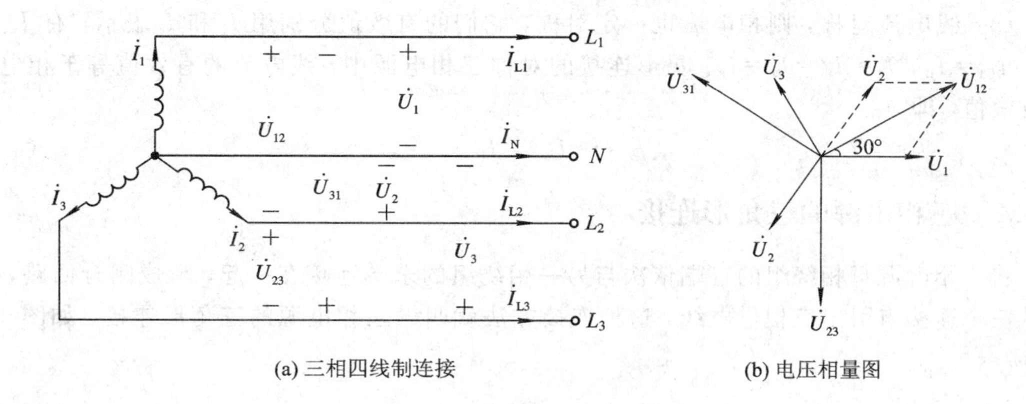

(a) 三相四线制连接　　(b) 电压相量图

图 4.3 三相电源的星形连接

星形连接时，三个绕组末端相连接的点称为中性点或零点，用字母"N"表示，从中性点引出的一根线叫做中性线或零线。由于在低压供电系统中，中性线多是接地的，因此也称为地线，故中性点的电位为零值。三个绕组的始端 L_1、L_2、L_3 称为端点，从始端引出的三根线叫做端线或相线，俗称火线。星形连接具有两种连接方式，分别为三相四线制星形连接和三相三线制星形连接，前者引出一根中性线，如图 4. 3(a)所示；后者不引出中性线。

每相绕组始端与末端之间的电压(即端线和中性线之间的电压)叫做相电压，用 $\dot{U}_1$、$\dot{U}_2$、$\dot{U}_3$ 来表示，各相电压的方向由各相绕组的始端指向末端。三个相电压的有效值相等、频率相同、相互之间的相位差均是 120°，因此这三个相电压是对称的。任意两相绕组端点之间的电压(即端线和端线之间的电压)叫做线电压，分别用 $\dot{U}_{12}$、$\dot{U}_{23}$、$\dot{U}_{31}$ 来表示，各线电压的方向则由双下标表示的顺序决定。在图 4.3(a)所示的参考方向下，根据 KVL，线电压与相电压之间的关系式为

$$\begin{cases}\dot{U}_{12}=\dot{U}_1-\dot{U}_2=\sqrt{3}\dot{U}_1\angle 30^\circ\\ \dot{U}_{23}=\dot{U}_2-\dot{U}_3=\sqrt{3}\dot{U}_2\angle 30^\circ\\ \dot{U}_{31}=\dot{U}_3-\dot{U}_1=\sqrt{3}\dot{U}_3\angle 30^\circ\end{cases}\tag{4.3}$$

图 4.3(b)所示为各电压的相量图。由图中可以看出，当相电压对称时，线电压也一定对称，并且 $\dot{U}_{12}+\dot{U}_{23}+\dot{U}_{31}=0$。另外，线电压 $\dot{U}_{12}$、$\dot{U}_{23}$、$\dot{U}_{31}$ 依次超前相电压 $\dot{U}_1$、$\dot{U}_2$、$\dot{U}_3$ 相位 30°。相电压的有效值用 U_P 表示，即 $U_1=U_2=U_3=U_P$，线电压的有效值用 U_L 表示，即 $U_{12}=U_{23}=U_{31}=U_L$，并且线电压是相电压有效值的 $\sqrt{3}$ 倍，即

$$U_L=\sqrt{3}U_P\tag{4.4}$$

在我国的三相供电系统中，相电压为 220 V，线电压为 $\sqrt{3}\times 220\approx 380$ V。

当三相电源工作时，每相绕组中流过的电流 $\dot{I}_1$、$\dot{I}_2$、$\dot{I}_3$ 称为电源的相电流；由端点 L_1、L_2、L_3 输送出去的电流 $\dot{I}_{L1}$、$\dot{I}_{L2}$、$\dot{I}_{L3}$ 称为电源的线电流。相电流和线电流的大小和相位均与负载相关。由图 4.3(a)可以看出，三相电源星形连接时，相电流就是对应的线电流，即

$$\begin{cases}\dot{I}_{L1}=\dot{I}_1\\ \dot{I}_{L2}=\dot{I}_2\\ \dot{I}_{L3}=\dot{I}_3\end{cases}\tag{4.5}$$

如果线电流对称，则相电流也一定对称，它们的有效值分别用 I_L 和 I_P 表示，有 $I_{L1}=I_{L2}=I_{L3}=I_L$，$I_1=I_2=I_3=I_P$。星形连接的对称三相电源中，线电流的有效值等于相电流的有效值，即

$$I_L = I_P \tag{4.6}$$

4.1.2　三相电源的三角形连接

将三相电源每相绕组的首端依次与另一相绕组的末端连接在一起，形成闭合回路，然后从三个连接点引出三根供电线，这种连接方法就叫做三相电源的三角形连接，如图 4.4(a)所示。

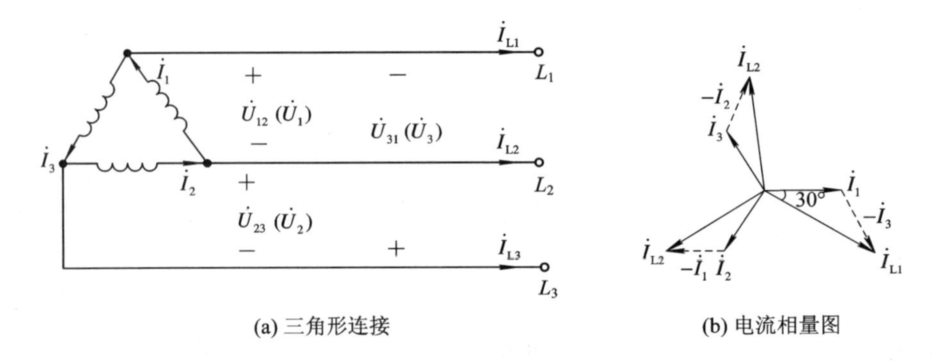

图 4.4　三相电源的三角形连接

在电源的三角形连接中，线电压等于对应的相电压，它们之间的关系式为

$$\begin{cases}\dot{U}_{12} = \dot{U}_1 \\ \dot{U}_{23} = \dot{U}_2 \\ \dot{U}_{31} = \dot{U}_3\end{cases} \tag{4.7}$$

说明线电压的有效值等于相电压的有效值

$$U_L = U_P \tag{4.8}$$

在电源的三角形连接中，电源的线电流与相电流之间的关系式为

$$\begin{cases}\dot{I}_{L1} = \dot{I}_1 - \dot{I}_2 = \sqrt{3}\dot{I}_1\angle -30^\circ \\ \dot{I}_{L2} = \dot{I}_2 - \dot{I}_3 = \sqrt{3}\dot{I}_2\angle -30^\circ \\ \dot{I}_{L3} = \dot{I}_3 - \dot{I}_1 = \sqrt{3}\dot{I}_3\angle -30^\circ\end{cases} \tag{4.9}$$

如果线电流对称，则相电流 $\dot{I}_1$、$\dot{I}_2$、$\dot{I}_3$ 也一定对称，并且依次超前对应的线电流 $\dot{I}_{L1}$、$\dot{I}_{L2}$、$\dot{I}_{L3}$ 相位 30°，如图 4.4(b)所示。线电流和相电流的有效值满足

$$I_L = \sqrt{3}I_P \tag{4.10}$$

最后还必须指出，上述有关电压、电流的对称性以及相位之间的关系，只能在指定的相位顺序和参考方向的条件下得出，否则将引起表述的混乱。

4.2　三 相 负 载

从发电厂发出的电都是三相交流电，末端变压器输送至千家万户的也是三相交流电。

而用户端根据用电设备的不同，分为单相负载和三相负载。我们日常生活中所使用的普通电器几乎都是单相负载，如电视机、洗衣机、电饭煲、空调、冰箱、电脑等；而工厂、企业、建筑施工现场等使用的多为三相负载，如三相交流电动机。

单相负载是指采用三相电源中的一相进行供电的负载。三相负载是指需要三相电源同时供电的负载，如三相异步电动机、大功率电炉等。在三相负载中，如果每相负载的阻抗相等，则称这三相负载为三相对称负载；否则称为三相不对称负载。

需要注意的是，三相对称负载是指三相负载的阻抗相同，而不是阻抗模相同。

三相负载有三角形连接和星形连接两种连接方式，其中，星形连接又有三相四线制和三相三线制两种连接方式。无论采用何种连接方式，负载两端的电压称作相电压，流过负载的电流称作相电流；两根端线之间的电压称为线电压，流经端线中的电流称为线电流。

4.2.1　三相负载的星形连接

图 4.5(a)所示的是三相负载的三相四线制星形连接的电路图。将三相负载的末端连接在一起，再接到电源的中性线上，三相负载的三个始端分别与电源的三条端线相连。

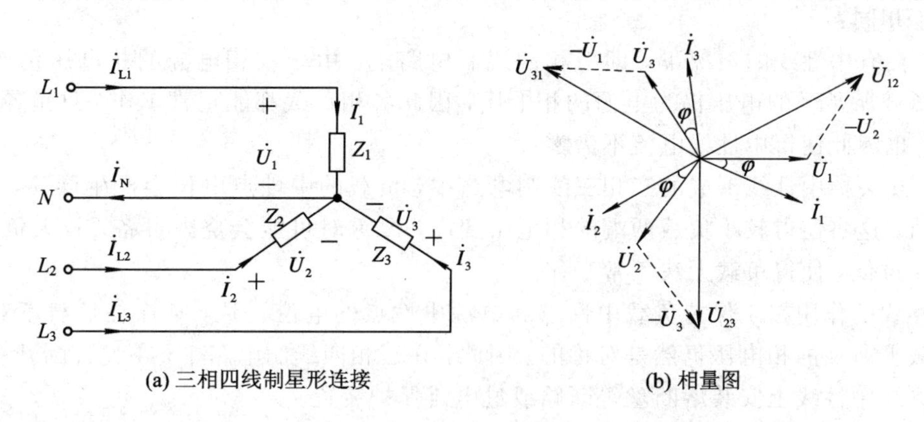

图 4.5　三相负载的三相四线制星形连接

由图 4.5(b)可知，在图示的参考方向下，三相负载作星形连接时，线电压与相电压的关系、相电流与线电流的关系与三相电源作星形连接时对应的关系相同，即电压满足式(4.3)，电流满足式(4.5)。

流过每相负载的相电流与加在负载两端的相电压之间的关系为

$$\begin{cases} \dot{I}_1 = \dfrac{\dot{U}_1}{Z_1} \\ \dot{I}_2 = \dfrac{\dot{U}_2}{Z_2} \\ \dot{I}_3 = \dfrac{\dot{U}_3}{Z_3} \end{cases} \tag{4.11}$$

式中，Z_1、Z_2、Z_3为三相负载的阻抗。

根据 KCL，中性线上的电流为

$$\dot{I}_N = \dot{I}_1 + \dot{I}_2 + \dot{I}_3 = \dot{I}_{L1} + \dot{I}_{L2} + \dot{I}_{L3} \tag{4.12}$$

当各相负载的阻抗大小相同时，即 $Z_1 = Z_2 = Z_3$，三相负载是对称平衡的。由于三相电源的相电压和线电压在一般情况下是对称的，此时无论有无中性线，各相负载所承受的相电压都对称(即有效值相等，相位互差 120°)，并且各线电压超前对应相电压 30°的相位；各相电流对称，线电流等于相电流。既然在三相对称电路中相电流对称，则根据相量图或式(4.12)可知，中性线电流 $\dot{I}_N=0$，即中性线上没有电流流过，因此可以将中性线省去，变成如图 4.6 所示的三相负载的三相三线制星形连接。

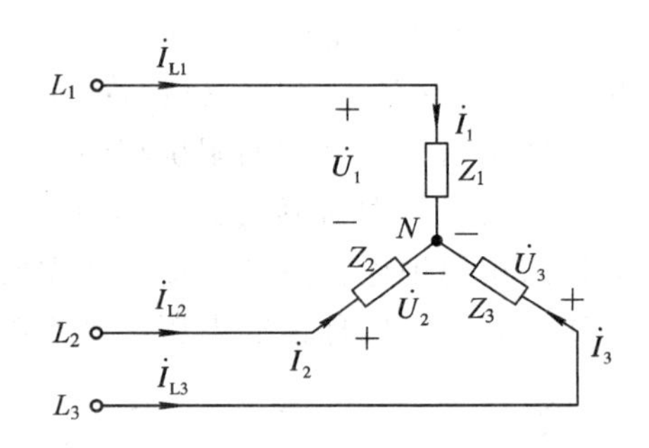

图 4.6　三相负载的三相三线制星形连接

当三相负载的阻抗不相等时，三相负载是不对称的。此时，两种星形连接电路的工作情况也不相同：

(1) 在有中性线的情况下，即三相四线制电路中，由于三相电源的相电压仍然对称，而每相负载所承受的电压仍为电源的相电压，因此各相负载都能正常工作，只是各相电流不对称，也因此使得中性线电流不为零。

(2) 在去掉中性线形成的三相三线制电路中，负载的中性点电位会产生漂移，不再保持为零值，这将使得较小负载两端的相电压变高，严重时可能会烧毁设备；较大负载两端的相电压过低，使得负载无法正常工作。

中性线的作用在于保持负载中性点和电源中性点的电位一致，从而在负载不对称时，三相负载上所加的相电压仍然是对称的。因此，在三相四线制电路中，不允许断开中性线，也不允许在中性线上安装熔断丝等断路或过电流保护装置。

4.2.2　三相负载的三角形连接

图 4.7(a)所示为三相负载三角形连接的电路图。将每相负载的始端依次和另一相负载的末端相连，形成闭合回路；然后，将三个连接点分别与三相电源的三条端线相连。显然三相负载的三角形连接没有中性点，只能是三线制连接。

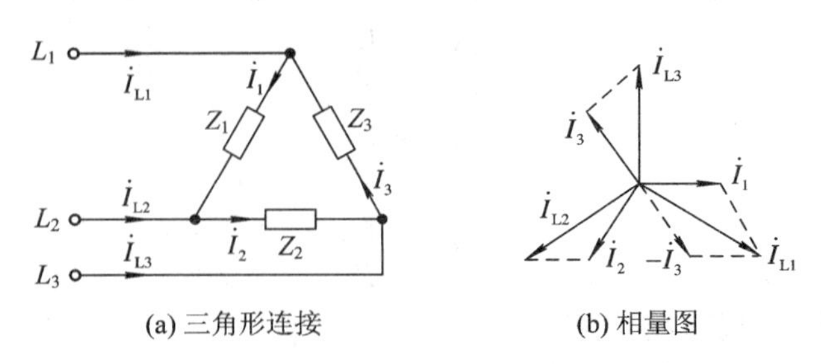

(a) 三角形连接　　(b) 相量图

图 4.7　三相负载的三角形连接

由图 4.7(b)可知，在图示的参考方向下，三相负载作三角形连接时，线电压与相电压的关系、相电流与线电流的关系与三相电源作三角形连接时对应的关系相同，即电压满足式(4.7)，电流满足式(4.9)。

流过每相负载的相电流与加在负载两端的相电压之间的关系为

$$\begin{cases}\dot{I}_1=\dfrac{\dot{U}_{12}}{Z_1}=\dfrac{\dot{U}_1}{Z_1}\\\dot{I}_2=\dfrac{\dot{U}_{23}}{Z_2}=\dfrac{\dot{U}_2}{Z_2}\\\dot{I}_3=\dfrac{\dot{U}_{31}}{Z_3}=\dfrac{\dot{U}_3}{Z_3}\end{cases}\tag{4.13}$$

式中，Z_1、Z_2、Z_3为三相负载阻抗。

由于电源电压对称，而负载直接接在电源上，因此负载上所加的相电压也对称。如果三相负载相等，则流过负载的相电流和流过端线的线电流也对称。此时，电源线电压的有效值等于负载相电压的有效值，负载中的相电流则依次超前对应的线电流 30°，并且线电流的有效值是相电流有效值的$\sqrt{3}$倍，如图 4.7(b)所示。

4.2.3　负载连接方式

负载采取何种连接方式，应视其额定电压而定。通常电灯为单相负载，其额定电压为 220 V，因此要接在电源的端线与中性线之间。当有多个负载时，各负载应该均匀的分布在三相电路之中，以保证三相负载尽可能地对称，如图 4.8 所示。图中的电灯的连接方法为星形连接。其他的单相负载，如单相电动机、电炉等，是应该接在端线之间还是接在端线与中性线之间，应根据其额定电压是 220 V 还是 380 V 而定。当负载的额定电压不是以上这两种情况时，则电源应该先经过变压器进行电压变换后再对负载进行供电。

若负载为三相电动机，三相电动机的三个接线端应与电源的三根端线相连接，则其绕组的线电压总是 380 V。根据三相绕组接法的不同，相电压也不同。绕组星形连接时，相电压为 220 V；绕组三角形连接时，相电压为 380 V。图 4.8 给出了三相电动机绕组星形连接的接法。一般来说，电动机的具体接法会在它的铭牌上标出，如“380 V Y”接法或“380 V△”接法。

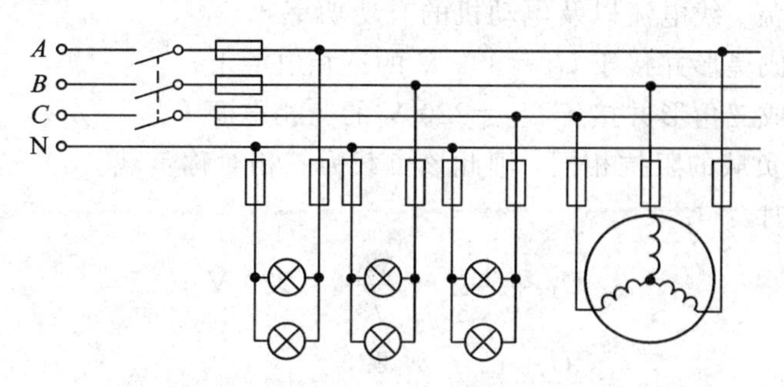

图 4.8　电灯与三相电动机的星形连接

4.3　三 相 功 率

根据能量守恒定律，在计算三相负载和三相电源的总功率时，不论三相电路的连接方式是哪一种，且不论三相负载是否对称，电路的总功率等于各相负载的功率之和。因此，三相电路的总有功功率为每相负载有功功率的代数和，即

$$P_{总} = P_1 + P_2 + P_3 \tag{4.14}$$

总无功功率为每相负载无功功率的代数和，即

$$Q_{总} = Q_1 + Q_2 + Q_3 \tag{4.15}$$

总视在功率为

$$S_{总} = \sqrt{P_{总}^2 + Q_{总}^2} \tag{4.16}$$

注意：总视在功率不等于各相视在功率之和。

当三相负载对称时，有

$$P_1 = P_2 = P_3 = U_P I_P \cos\varphi \tag{4.17}$$

$$Q_1 = Q_2 = Q_3 = U_P I_P \sin\varphi \tag{4.18}$$

则由相电压和相电流计算总有功功率、总无功功率和总视在功率的表达式为

$$\begin{cases} P_{总} = 3U_P I_P \cos\varphi \\ Q_{总} = 3U_P I_P \sin\varphi \\ S_{总} = 3U_P I_P \end{cases} \tag{4.19}$$

若三相负载对称，在负载的星形连接电路中，$U_L = \sqrt{3}U_P$，$I_L = I_P$；在负载的三角形连接电路中，$U_L = U_P$，$I_L = \sqrt{3}I_P$。那么电路的总有功功率、总无功功率和总视在功率也可以记为

$$\begin{cases} P_{总} = \sqrt{3}U_L I_L \cos\varphi \\ Q_{总} = \sqrt{3}U_L I_L \sin\varphi \\ S_{总} = \sqrt{3}U_L I_L \end{cases} \tag{4.20}$$

值得注意的是，若三相负载不是对称的，那么计算电路的总有功功率、总无功功率和总视在功率只能按照式(4.14)、式(4.15)和式(4.16)计算。

【例 4.1】 有一个三相电动机，每相阻抗均为 $Z=(29+j21.8)\ \Omega$。试求在下列两种情况下电动机的相电流、线电流以及电动机的有功功率：

(1) 绕组连接成星形并接于 $U_L=380$ V 的三相电源上。

(2) 绕组连接成三角形并接于 $U_L=220$ V 的三相电源上。

解 由于每相负载的阻抗相同，因此该负载为三相对称负载。

(1) 星形连接时，

$$U_P = \frac{U_L}{\sqrt{3}} = \frac{380}{\sqrt{3}} = 220 \text{ V}$$

$$I_P = \frac{U_P}{|Z|} = \frac{220}{\sqrt{29^2 + 21.8^2}} = 6.1 \text{ A}$$

$$I_L = I_P = 6.1 \text{ A}$$

$$P = \sqrt{3}U_L I_L \cos\varphi = \sqrt{3} \times 380 \times 6.1 \times \frac{29}{\sqrt{29^2 + 21.8^2}}$$

$$= \sqrt{3} \times 380 \times 6.1 \times 0.8 = 3200 \text{ W} = 3.2 \text{ kW}$$

(2) 三角形连接时，

$$U_P = U_L = 220\ \text{V}$$

$$I_P = \frac{U_P}{|Z|} = \frac{220}{\sqrt{29^2 + 21.8^2}} = 6.1\ \text{A}$$

$$I_L = \sqrt{3} I_P = \sqrt{3} \times 6.1 = 10.5\ \text{A}$$

$$P = \sqrt{3} U_L I_L \cos\varphi = \sqrt{3} \times 220 \times 10.5 \times \frac{29}{\sqrt{29^2 + 21.8^2}}$$

$$= \sqrt{3} \times 220 \times 10.5 \times 0.8 = 3200\ \text{W} = 3.2\ \text{kW}$$

4.4 触电事故及触电防护

4.4.1 触电事故

触电事故是由于电流通过人体或带电体与人体间发生放电而引起人体的病理、生理效应所造成的人身伤害事故。按照触电事故的构成方式，触电事故可分为电击和电伤。

1. 电击

电击是指电流通过人体，使内部器官组织受到伤害。如果受害者不能迅速摆脱带电体，则最终会造成死亡事故。

按照发生电击时电气设备的状态，电击可分为直接接触电击和间接接触电击。

(1) 直接接触电击：是指触及设备和线路正常运行时的带电体发生的电击，也称为正常状态下的电击。

(2) 间接接触电击：是指触及正常状态下不带电，而当设备或线路故障时意外带电的导体发生的电击(如触及漏电设备的外壳发生的)，也称为故障状态下的电击。

2. 电伤

电伤是指在电弧作用下或熔丝熔断时，对人体外部的伤害，如烧伤、金属溅伤等。电伤包括以下类型：

(1) 电烧伤：由电流的热效应造成的伤害。它分为电流灼伤和电弧烧伤。电流灼伤是人体与带电体接触，电流通过人体由电能转换成热能造成的伤害。电弧烧伤是由弧光放电造成的伤害，分为直接电弧烧伤和间接电弧烧伤，前者是带电体与人体发生电弧，有电流流过人体的烧伤；后者是电弧发生在人体附近对人体的烧伤，包含熔化了的炽热金属溅出造成的烫伤。

(2) 皮肤金属化：在电弧高温的作用下，金属熔化、汽化，金属微粒渗入皮肤，使皮肤粗糙而张紧的伤害。皮肤金属化多与电弧烧伤同时发生。

(3) 电烙钝：在人体与带电体接触部位留下的永久性斑痕。斑痕处皮肤失去原有弹性、色泽，表皮坏死，失去知觉。

(4) 电光眼：发生弧光放时，由红外线、可见光、紫外线对眼睛的伤害。电光眼表现为角膜炎或结膜炎。

4.4.2 触电方式

按照人体触及带电体的方式和电流流过人体的途径，电击可以分为单相触电、两相触电和跨步电压触电。

1. 单相触电

当人体直接碰触带电体的一相时，电流通过人体流入大地，这种触电现象称为单相触电，如图 4.9 所示。对于高压带电体，人体虽未直接接触，但由于超过了安全距离，高电压对人体放电，造成单相接地而引起的触电，也属于单相触电。单相触电事故在地面潮湿时易于发生，其危险性较大。

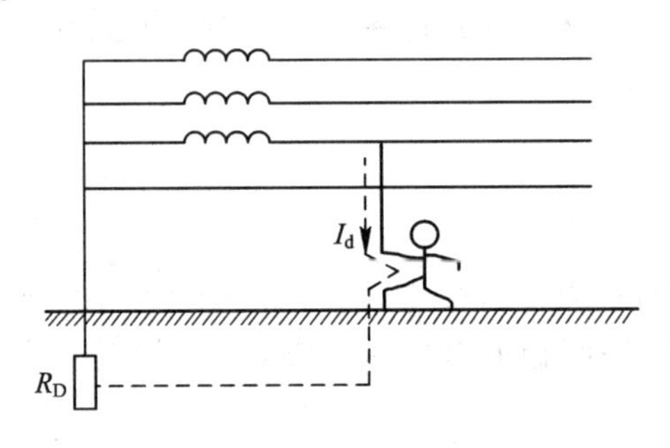

图 4.9 单相触电

2. 两相触电

人体同时接触带电设备或线路中的两相导体，或在高压系统中，人体同时接近不同相的两相带电导体而发生电弧放电，电流从一相导体通过人体流入另一相导体，构成一个闭合回路，这种触电方式称为两相触电，如图 4.10 所示。当发生两相触电时，作用于人体上的电压等于线电压，这种触电是最危险的。

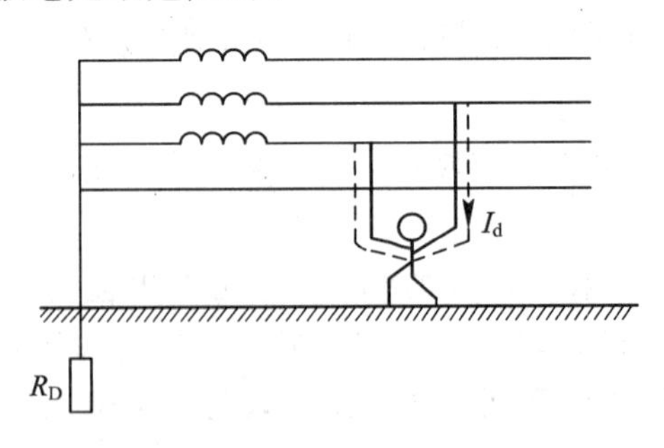

图 4.10 两相触电

3. 跨步电压触电

当电气设备发生接地故障，接地电流通过接地体向大地流散，在地面上形成电位分布时，若人在接地点周围行走，其两脚之间的电位差，就是跨步电压。由跨步电压引起的人体触电称为跨步电压触电。

4.4.3 触电防护措施

1. 安全电压

预防触电事故的措施很多，其一就是采用“安全电压”。所谓安全电压是指根据人在不同环境下工作时所确定的对人体不产生危害的安全使用电压。在不同的环境下人体的电阻值不同，而危害人体的电流的基本范围为：通过人体0.6～1.5 mA的工频交流电流时开始有感觉；8～10 mA时手已较难摆脱带电体；几十毫安通过呼吸中枢或几十微安直接通过心脏均可致死。因此电流通过人体的路径不同，其伤害程度也不同。考虑这些危险电流及在不同环境下的人体电阻，我国规定，安全电压根据发生触电危险的环境条件不同分为三个等级：

(1) 特别危险(潮湿、有腐蚀性蒸气或游离物等)的建筑物中，安全电压为12 V。

(2) 高度危险(潮湿、有导电粉末、炎热高温、金属品较多)的建筑物中，安全电压为36 V。

(3) 没有高度危险(干燥、无导电粉末、非导电地板、金属品不多等)的建筑物，安全电压为65 V。

2. 绝缘

通常采用的绝缘材料有陶瓷、橡胶、塑料、云母、玻璃、木材、布、纸、矿物油以及某些高分子合成材料等。绝缘材料的性能受环境条件影响较大，温度、湿度都会改变其电阻值，机械损伤和化学腐蚀等也会降低绝缘材料的绝缘电阻值，对于一些高分子材料，还存在由于“老化”导致的绝缘性能逐步下降的问题。

长期搁置不用的手持电动工具，在使用前必须测量绝缘电阻，要求手持电动工具带电部分与外壳之间绝缘电阻不低于0.5 MΩ。移动式电动工具及其开关板(箱)的电源线必须采用铜芯橡皮绝缘护套或铜芯聚氯乙烯绝缘护套软线。

3. 屏护

某些开启式开关电器的活动部分不方便绝缘，或高压设备的绝缘不能保证人在接近时的安全，应采取屏护措施，以免发生触电或电弧伤人等事故。屏护装置的形式有围墙、栅栏、护网、护罩等。所用材料应有足够的机械强度和耐火性能，若采用金属材料，则必须接地或接零。屏护装置应有足够的尺寸，并与带电体保持足够的距离，在带电体及屏护装置上应有明显的警告标志，必要时还可附加声光报警和联锁装置等，以最大限度保证屏护的有效性。

4. 间距

在带电体与地面之间、带电体与其他设备之间、带电体之间，均需保持一定的安全距离，以防止过电压放电和各种短路事故，以及由这些事故导致的火灾。

动力或照明配电箱(柜、板)周围不得堆放杂物；其前方1.2 m范围内应无障碍物，保持畅通。

5. 保护接地和保护接零

1) 保护接地

保护接地是指将电气设备不带电的金属外壳接地，适用于中性点不接地的低压系统。

它的作用是当电气设备的金属外壳带电时，如果人体触及此外壳时，由于人体的电阻远大于接地体电阻，则大部分电流经接地体流入大地，而流经人体的电流很小。这时只要适当控制接地电阻(一般不大于 4 Ω)，就可减少触电事故的发生。

2) 保护接零

保护接零就是将电器设备的金属外壳接到中性线(或称零线)上，适用于中性点接地的低压系统中。当设备带电部分碰连其外壳时，即形成相线对零线的单相回路，短路电流将使线路上的过流速断保护装置迅速启动，断开故障部分的电源，消除触电危险。

6. 漏电保护装置

漏电保护装置是在电气设备或线路漏电时用以保证人身及设备安全的保护装置，又称触电保安器。依据启动原理和安装位置，漏电保护装置可分为电压型、零序电流型、中性点型、泄漏电流型等几种类型。

4.5 用 电 安 全

4.5.1 静电防护

静电是指相对静止不动的电荷，当一个物体带有一定量净的正电荷或净的负电荷时，可以称其带有静电。通常指因不同物体之间相互磨擦而产生的在物体表面所带的正、负电荷。

1. 静电的产生

产生静电的原因很多，主要包括以下几种：

(1) 接触起电。接触起电可发生在固体-固体、液体-液体或固体-液体的分界面上。气体不能由这种方式带电，但如果气体中悬浮有固体颗粒或液滴，则固体颗粒或液滴均可以由接触方式带电，以致这种气体能够携带静电电荷。

(2) 破断起电。不论材料破断前其内部电荷分布是否均匀，破断后均可能在宏观范围内导致正、负电荷分离，产生静电。固体粉碎、液体分裂过程的起电都属于破断起电。

(3) 感应起电。导体能由其周围的一个或一些带电体感应而带电。任何带电体周围都有电场，电场中的导体能改变周围电场的分布，同时在电场作用下，导体上分离出极性相反的两种电荷。如果该导体与周围绝缘则将带有电位，称为感应带电。导体带有电位，加上它带有分离开来的电荷。因此，该导体能够发生静电放电。

(4) 电荷迁移。当一个带电体与一个非带电体相接触时，电荷将按各自导电率所允许的程度在它们之间分配，这就是电荷迁移。

2. 静电防护

防止静电首先要设法不使静电产生；对已产生的静电，应尽量限制，使其达不到危险的程度。其次使产生的电荷尽快泄漏或中和，从而消除电荷的大量积聚。

(1) 使用防静电材料。金属是导体，因导体的漏放电流大，会损坏器件。另外，由于绝缘材料容易产生摩擦起电，因此不能采用金属和绝缘材料作防静电材料，而是采用表面电阻在 1×10^5 Ω·cm 以下的所谓静电导体，以及表面电阻为 $1\times10^5\sim1\times10^8$ Ω·cm 的静电亚导体作为防静电材料。

(2) 泄漏与接地。对可能产生或已经产生静电的部位进行接地，提供静电释放通道。采用埋大地线的方法建立“独立”地线。使地线与大地之间的电阻小于 10 Ω。

(3) 导体带静电的消除。导体上的静电可以用接地的方法使静电泄漏到大地。静电防护系统中通常用 1MΩ 的限流电阻，将泄放电流限制在 5 mA 以下。

(4) 非导体带静电的消除。对于绝缘体上的静电，由于电荷不能在绝缘体上流动，因此不能用接地的方法消除静电。可使用离子风机、静电消除剂、控制环境湿度采用静电屏蔽等措施消除静电。

(5) 工艺控制法。为了在电子产品制造中尽量少地产生静电，控制静电荷积聚，对已经存在的静电积聚迅速消除掉，即时释放，应从厂房设计、设备安装、操作、管理制度等方面采取有效措施。

4.5.2　电器防火和防爆

在生产场所的动力、控制、保护、测量等系统和生活场所中，各种电气设备和线路在正常工作或事故中常常会产生电弧火花和危险高温，引起火灾和爆炸。由于电气方面的原因引起的火灾及爆炸事故，称为电气火灾爆炸。

电器防火和防爆的主要措施如下：

(1)排除可燃物质；

(2) 合理选用和正确安装电气设备及电气线路。在易燃易爆场所，按要求分别选用防爆安全型(标志 A)、隔爆型(标志 B)、防爆充油型(标志 C)、防爆通风充气型(标志 F)、防爆安全火花型(标志 H)、防爆特殊型(标志 T)以及防尘型、防水型、密封型、保护型(包括封闭式、防溅式和防滴式)设备。

(3) 保持电气设备和线路的正常运行。

(4) 保证必要的防火间距。

(5) 装设良好的接地保护装置等。

习　题　4

4-1　已知三相交流电源第 1 相的相电压为 $u_1=220\sqrt{2}\sin(\omega t+30°)$(V)。试写出其他两相电压的瞬时值表达式和三相电源的相量式，并画出波形图和相量图。

4-2　已知三相对称交流电路，每相负载的电阻为 $R=8\ \Omega$，感抗为 $X_L=6\ \Omega$，若电源为星形连接，线电压为 380 V。求：

(1) 负载星形连接时的相电流、相电压、线电流、线电压，并画相量图。

(2) 负载三角形连接时的相电流、相电压、线电流、线电压，并画相量图。

4-3　已知三相对称交流电路，每相负载的电阻为 $R=8\ \Omega$，感抗为 $X_L=6\ \Omega$，若电源为三角形连接，线电压为 380 V。求：

(1) 负载星形连接时的相电流、相电压、线电流、线电压，并画相量图。

(2) 负载三角形连接时的相电流、相电压、线电流、线电压，并画相量图。

4-4　已知电路如图4.11所示。电源电压 $U_L=380$ V，每相负载的阻抗为 $R=X_L=X_C=10\ \Omega$。

(1) 该三相负载能否称为对称负载？为什么？

(2) 计算中线电流和各相电流，画出相量图。

(3) 求三相总功率。

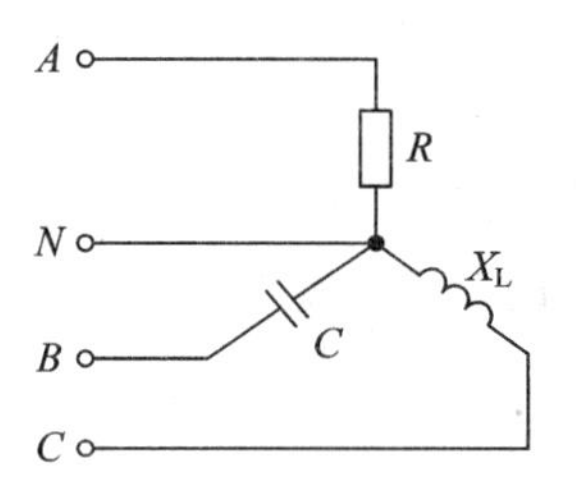

图4.11　习题4-4图

4-5　如图4.12所示的三相四线制电路，三相负载连接成星形，已知电源线电压为380 V，负载电阻 $R_a=11\ \Omega$，$R_b=R_c=22\ \Omega$，试求：

(1) 负载的各相电压、相电流、线电流和三相总功率。

(2) 中线断开，A 相又短路时的各相电流和线电流。

(3) 中线断开，A 相断开时的各线电流和相电流。

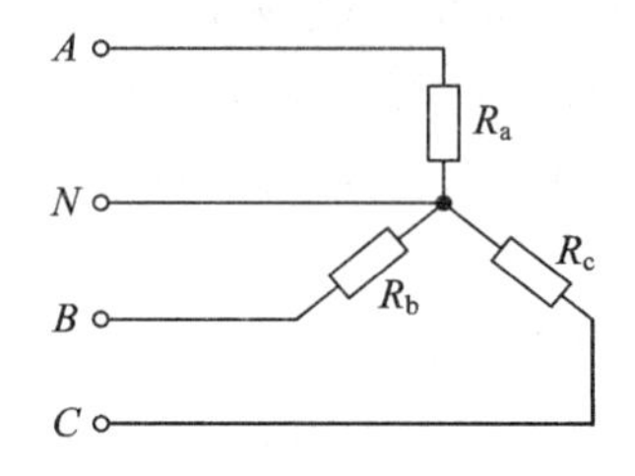

图4.12　习题4-5图

4-6　对称三相负载星形连接，已知每相阻抗为 $Z=(31+j22)\ \Omega$，电源线电压为380 V。求三相交流电路的有功功率、无功功率、视在功率和功率因数。

4-7　在线电压为380 V的三相电源上，接有两组电阻性对称负载，如图4.13所示。试求线路上的总线电流 I 和所有负载的有功功率。

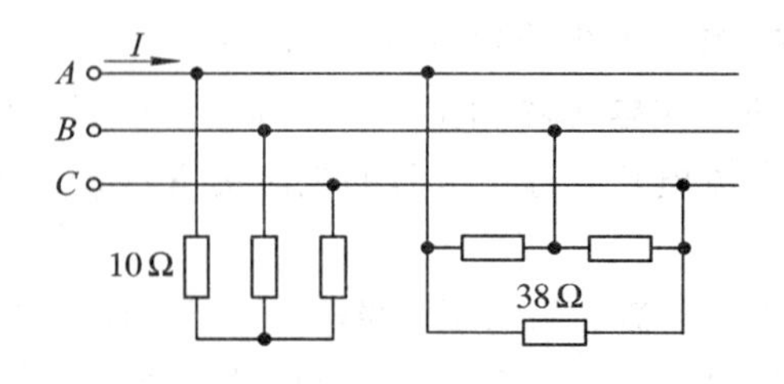

图4.13　习题4-7图

4-8　在电压为380/220 V的三相四线制电源上接有对称星形连接的白炽灯，消耗的总功率为540 W，此外在 C 相上接有额定电压为220 V，功率为40 W，功率因数 $\lambda=0.5$ 的接触器一只，电路如图 4.14。试求各电流表的读数。

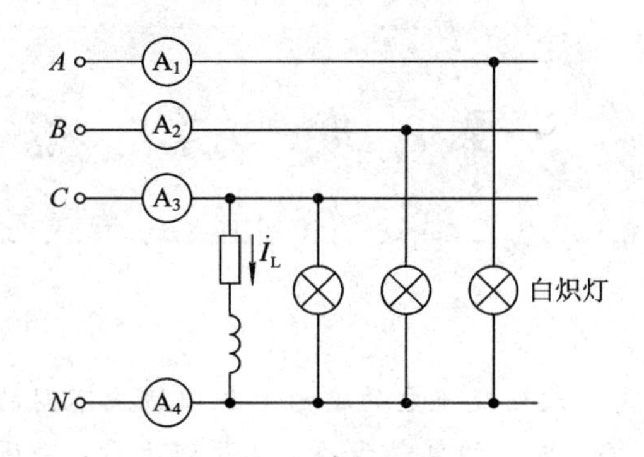

图 4.14 习题 4-8 图

4-9 某工厂有三个车间，每一车间装有 20 盏 220 V、40 W 的白炽灯，用 380 V 的三相四线制供电。

(1) 画出合理的配电接线图。

(2) 若各车间的灯同时点燃，求电路的线电流和中线电流。

(3) 若只有两个车间用灯，求电路的线电流和中线电流。

4-10 按照触电事故的构成方式，触电事故可分为电击和电伤，电击和电伤的主要区别是什么？它们各有什么特点，各自包括那些类型？

4-11 主要的触电防护措施有哪些？请简要介绍。

4-12 静电产生的主要原因有哪些？如何进行防护？

第5章 变 压 器

在实际应用中，常常需要改变交流电的输出电压以适应不同的需要。变压器是电力系统中不可缺少的用于改变交流电压的电气设备。从原理上看，变压器是一个利用磁场传递电能的电磁装置。为了产生较强的磁场并把磁场约束在一定的空间内加以运用，常采用导磁性能良好的铁磁材料作成一定形状的铁芯，使这类设备中的磁场集中分布于主要由铁芯构成的闭合路径内，这样的闭合路径通常叫做磁路。图5.1所示为几种常用电气设备的磁路。

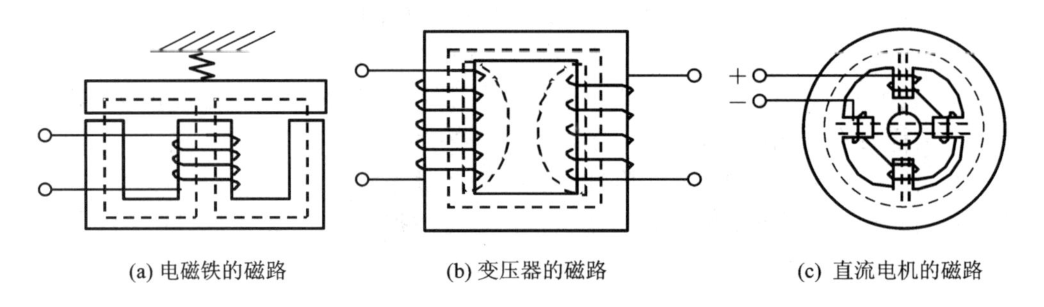

(a) 电磁铁的磁路 (b) 变压器的磁路 (c) 直流电机的磁路

图5.1 电气设备的磁路

由上可知，学习变压器不仅要掌握电路的基本理论，还要具备磁路的基本知识。因此本章首先介绍有关磁路的基本知识和基本定律；然后简述交流铁芯线圈内部的基本电磁关系，为分析交流电机、电器的性能打下必要的理论基础；最后讲解变压器的基本结构、工作原理、运行特性等。

5.1 磁路及其分析

5.1.1 磁路的基本物理量

磁场可以由电流产生，磁场的情况可形象地用磁感线来描绘。磁感线是闭合的曲线，且与闭合电路相交链。磁感线的方向与产生该磁场电流的方向符合右手螺旋定则。磁感线上每一点的切线方向就是该点磁场的方向，磁感线的疏密程度则反映了该处磁场的强弱。在对磁场进行分析和计算时，常用到以下几个物理量：

1. 磁感应强度

表示磁场内某点的磁场强弱和方向的物理量称为磁感应强度，用矢量 $\boldsymbol{B}$ 表示，单位为特(斯拉)(T)。$\boldsymbol{B}$ 的大小代表了该点磁感线的疏密程度，表示了该点磁场的强弱；其方向与磁感线的方向一致。若磁场内各点磁感应强度大小相等、方向相同，这样的磁场称为均匀磁场。

2. 磁通

磁场中穿过垂直于 $\boldsymbol{B}$ 方向的某一截面积 A 的磁感线总数称为通过该面积的磁通，用 $\boldsymbol{\Phi}$ 表示，单位为韦伯(Wb)。在均匀磁场中，若通过与磁感线垂直的某面积 A 的磁通为 $\boldsymbol{\Phi}$，则

$$\boldsymbol{B}=\frac{\boldsymbol{\Phi}}{A} \tag{5.1}$$

式中，A 的单位为平方米(m^2)。上式说明，磁感应强度在数值上就是与磁场方向垂直的单位面积上通过的磁通，故磁感应强度 $\boldsymbol{B}$ 又称为磁通密度。

3. 磁场强度

磁场强度是进行磁场计算时引进的一个辅助物理量，是一个矢量，记为 $\boldsymbol{H}$，单位为安/米(A/s)，其方向与磁感应强度 $\boldsymbol{B}$ 的方向相同，即也是磁场的方向。从数值上说，磁场强度 $\boldsymbol{H}$ 并非介质中某点磁场强弱的实际值，$\boldsymbol{H}$ 与 $\boldsymbol{B}$ 并不相等。因为当电流通过无限大均匀介质时，除了有电流本身产生的磁场外，还有介质被磁化后产生的附加磁场。因此，$\boldsymbol{H}$ 与 $\boldsymbol{B}$ 的主要区别是：$\boldsymbol{H}$ 代表电流本身所产生的磁场的强弱，与介质的性质无关，$\boldsymbol{H}$ 用来确定磁场和电流之间的关系；$\boldsymbol{B}$ 代表电流所产生的以及介质被磁化后所产生的总磁场的强弱，其大小不仅与电流的大小有关，而且还与介质的性质有关。总之，可以认为 $\boldsymbol{H}$ 相当于激励，$\boldsymbol{B}$ 相当于响应。

4. 磁导率

磁感应强度 $\boldsymbol{B}$ 与磁场强度 $\boldsymbol{H}$ 之比称为磁导率，用 μ 表示，即

$$\mu=\frac{\boldsymbol{B}}{\boldsymbol{H}} \tag{5.2}$$

磁导率是一个表示磁场介质磁性的物理量，可以衡量物质的导磁能力，单位为亨/米(H/m)。

真空的磁导率为常数，用 μ_0 表示，其值为

$$\mu_0=4\pi\times10^{-7}\ \text{H/m} \tag{5.3}$$

任一种物质的磁导率 μ 和真空磁导率 μ_0 的比值，称为相对磁导率，用 μ_r 表示，即

$$\mu_r=\frac{\mu}{\mu_0} \tag{5.4}$$

5.1.2 磁性材料的磁性能

根据导磁性能的好坏，自然界的物质可分为两大类：一类称为磁性材料，如铁、钢、镍、钴等，这类材料的导磁性能好，磁导率 μ 值大；另一类为非铁磁材料，如铜、铝、纸、空气等，此类材料的导磁性能差，μ 值小(接近真空磁导率)。

磁性材料的磁性能主要表现为高导磁性、磁饱和性与磁滞性。

1. 高导磁性

磁性材料的磁导率通常都很高，即 $\mu\gg\mu_0$，两者之比形成的相对磁导率 μ_r 可达到数百至数万。例如铸钢的 μ 约为 μ_0 的 1000 倍，硅钢片的 μ 约为 μ_0 的 6000～7000 倍，坡莫合金

(即铁氧体)的μ_r可达2×10^5。

磁性材料能被强烈地磁化，具有很高的导磁性能。磁性物质的高导磁性被广泛地应用于电工设备中，如电机、变压器及各种铁磁元件的线圈中都放有铁芯。在这种具有铁芯的线圈中通入不太大的励磁电流，便可以产生较大的磁通和磁感应强度。

2. 磁饱和性

磁性物质由于磁化所产生的磁化磁场不会随着外磁场的增强而无限的增强。当外磁场增大到一定程度时，磁性物质内部的全部磁畴的磁场方向都转向与外部磁场方向一致的方向，磁化磁场的磁感应强度将趋向某一定值，这种现象称为磁饱和现象。

磁性材料的磁导率μ不仅远大于μ_0，而且不是常数，是随着$\boldsymbol{H}$变化的。因此$\boldsymbol{B}$与$\boldsymbol{H}$不成正比，两者的关系很难用准确的数学式来表达，一般都是用实验方法测绘出来的，将测绘出的这个曲线称为磁化曲线，用$\boldsymbol{B}=f(\boldsymbol{H})$表示，如图5.2所示。

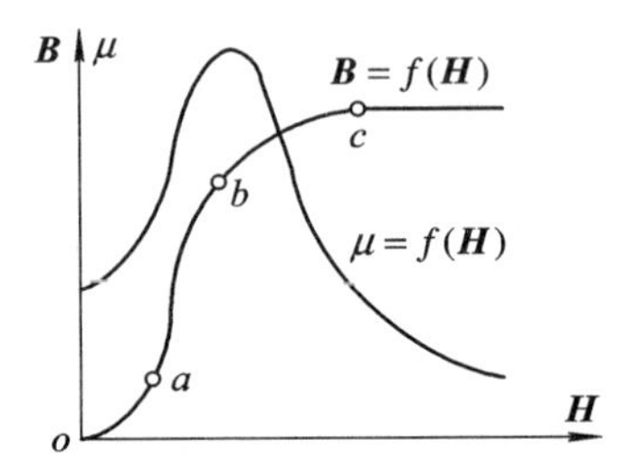

图5.2　$\boldsymbol{B}$和μ与$\boldsymbol{H}$的关系

由图5.2可知，在oa段，$\boldsymbol{B}$与$\boldsymbol{H}$几乎成正比地增加；在ab段，$\boldsymbol{B}$的增加缓慢下来；在b点以后，$\boldsymbol{B}$的增加很少，达到饱和。a、b、c三点在工程上分别称为附点、膝点和饱和点。磁饱和现象的存在使得对磁路问题的分析转化成为非线性问题，而含有磁性元件的电路也往往是非线性电路，因而对磁路问题的分析远比线性电路的分析复杂得多。

3. 磁滞性

铁芯线圈中通过交变电流时，$\boldsymbol{H}$的大小和方向都会改变，铁芯在交变磁场中将反复磁化，在此过程中，磁感应强度的变化总是落后于磁场强度的变化，这种现象称为磁滞现象。图5.3所示的封闭曲线称为磁滞回线。图中，当$\boldsymbol{H}$降为零时，铁芯的磁性并未完全消失，它所保留的磁感应强度$\boldsymbol{B}_r$称为剩磁；当$\boldsymbol{H}$反向增加至$-\boldsymbol{H}_c$时，铁芯中的剩余磁性才能完全消失，使$\boldsymbol{B}=0$的$\boldsymbol{H}$值称为矫顽磁力。它表示铁磁材料反抗退磁的能力。

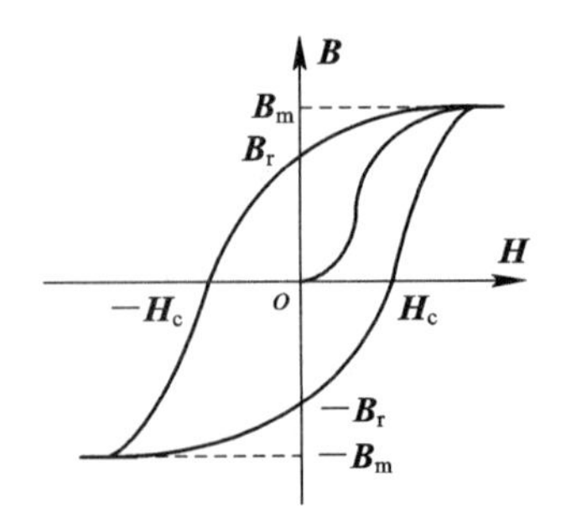

图5.3　磁滞回线

磁性材料不同，其磁滞回线和磁化曲线也不同。几种常见磁性材料的磁化曲线如图5.4所示。图中 a、b、c 表示的曲线分别为铸铁、铸钢和硅钢片的磁化曲线。

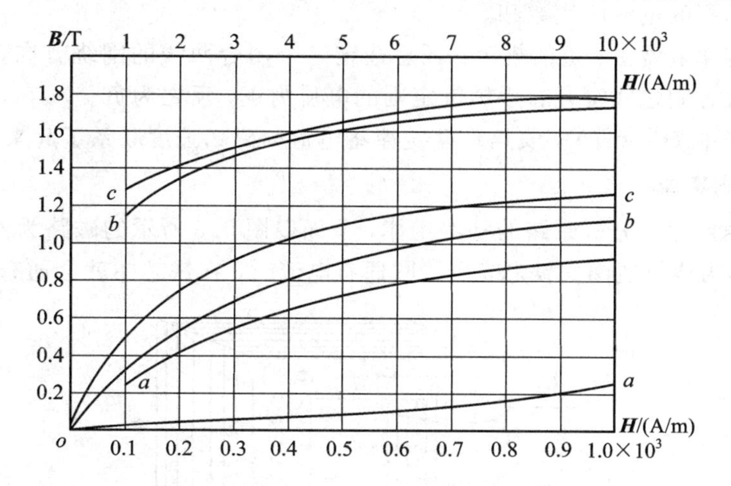

图 5.4 几种常见磁性材料的磁化曲线

根据磁滞回线的不同，磁性材料又可分为软磁材料、永磁材料和矩磁材料。

(1) 软磁材料。它具有较小的矫顽磁力，磁滞回线较窄。一般用来制造电机、电器及变压器等的铁芯。常用的软磁材料有铸铁、硅钢、坡莫合金等。

(2) 永磁材料。它具有较大的矫顽磁力，磁滞回线较宽。一般用来制造永久磁铁。常用的永磁材料有碳钢及铁镍铝钴合金等。

(3) 矩磁材料。它具有较小的矫顽磁力和较大的剩磁，磁滞回线接近矩形，稳定性良好。在计算机和控制系统中用作记忆元件、开关元件和逻辑元件。常用的矩磁材料有镁锰铁氧体等。

这几种磁性材料的磁滞回线如图5.5所示。

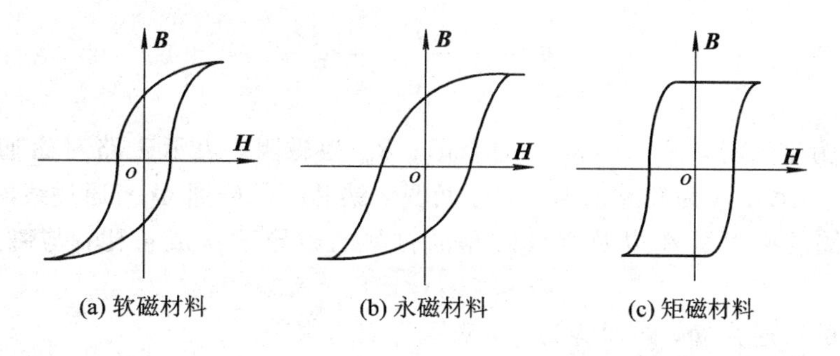

图 5.5 不同类型磁性材料的磁滞回线

5.1.3 磁路的分析方法

1. 安培环路定律

在物理学中已学过全电流定律，也称为安培环路定律。其内容是，在磁路中沿任一闭合路径，磁场强度的线积分等于与该闭合路径交链的电流的代数和。用公式表示即为

$$\oint \boldsymbol{H} \mathrm{d}l = \sum I \tag{5.5}$$

式中，$\oint \boldsymbol{H} \mathrm{d} l$ 是磁场强度矢量沿任意闭合线(常取磁通作为闭合回线)的线积分；$\sum I$ 是穿过闭合回线所围面积的电流的代数和。

安培环路定律电流正、负的规定：任意选定一个闭合回线的围绕方向，凡是电流方向与闭合回线围绕方向之间符合右手螺旋定则的电流为正，反之为负。

在均匀磁场中 $\boldsymbol{H} l = IN$，安培环路定律将电流与磁场强度联系了起来。

2. 磁路欧姆定律

磁路的欧姆定律是分析磁路的基本定律，下面以图 5.6 所示的磁路为例来介绍该定律的内容。该磁路为绕有线圈的铁芯，当线圈通有电流时，在铁芯中就会通有磁通。

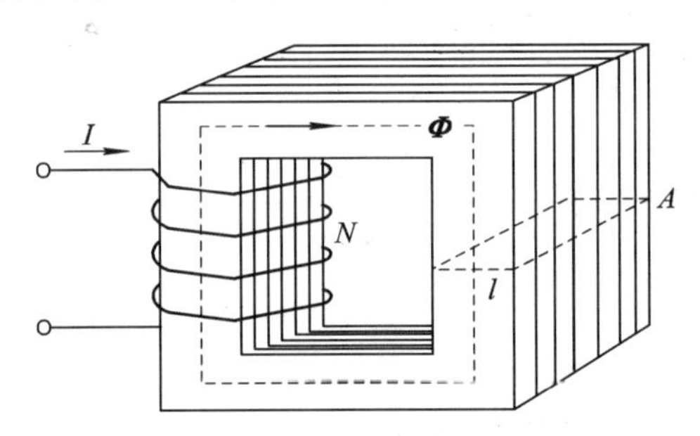

图 5.6　磁路欧姆定律

取磁通作为闭合回线，以其方向作为回线的围绕方向，根据安培环路定律有

$$\oint \boldsymbol{H} \mathrm{d} l = \sum I \tag{5.6}$$

在均匀磁场中，可知

$$NI = \boldsymbol{H} l = \frac{\boldsymbol{B}}{\mu} l = \frac{\boldsymbol{\Phi}}{\mu A} l \tag{5.7}$$

即

$$\boldsymbol{\Phi} = \frac{NI}{\dfrac{l}{\mu A}} = \frac{F}{R_{\mathrm{m}}} \tag{5.8}$$

式中，$F=NI$ 为磁通势，是产生磁通的原因；R_{m} 为磁阻，表示磁路对磁通的阻碍作用；l 为磁路的平均长度；A 为磁路的截面积。可见，铁芯中的磁通 $\boldsymbol{\Phi}$ 与通过线圈的电流 I、线圈匝数 N、磁路的截面积 A 以及组成磁路的材料的磁导率 μ 成正比，与磁路的长度 l 成反比。

若某磁路的磁通为 $\boldsymbol{\Phi}$，磁通势为 F，磁阻为 R_{m}，则

$$\boldsymbol{\Phi} = \frac{F}{R_{\mathrm{m}}} \tag{5.9}$$

这就是磁路欧姆定律的表达式。

3. 磁路分析的特点

(1) 在处理电路时一般不涉及电场问题，但在处理磁路时离不开磁场的概念。例如在讨论电机时，常常要分析电机磁路的气隙中磁感应强度的分布情况。

(2) 在处理电路时一般可以不考虑漏电流，但在处理磁路时一般都要考虑漏磁通。

(3) 磁路欧姆定律和电路欧姆定律只是在形式上相似。由于 μ 不是常数，其随励磁电

流而变，故磁路欧姆定律不能直接用来计算，只能用于定性分析。

(4) 在电路中，当 $E=0$ 时，$I=0$；但在磁路中，由于有剩磁，当 $F=0$ 时，$\boldsymbol{\Phi}$ 不为零。

4. 磁路的计算

磁路计算的主要任务是：预先选定磁性材料中的磁通 $\boldsymbol{\Phi}$（或磁感应强度），按照所定的磁通、磁路各段的尺寸和材料，求产生预定的磁通所需要的磁通势 F，确定线圈匝数 N 和励磁电流 I。

设磁路由不同材料或不同长度和截面积的 n 段组成，则磁路计算的基本公式为

$$NI=\boldsymbol{H}_1 l_1+\boldsymbol{H}_2 l_2+\cdots+\boldsymbol{H}_n l_n \tag{5.10}$$

即

$$NI=\sum_{i=1}^{n}\boldsymbol{H}_i l_i \tag{5.11}$$

磁路的计算可按以下步骤进行：

(1) 求各段磁感应强度 $\boldsymbol{B}_i$。各段磁路截面积不同，但通过同一磁通 $\boldsymbol{\Phi}$ 时，有

$$\boldsymbol{B}_1=\frac{\boldsymbol{\Phi}}{A_1},\ \boldsymbol{B}_2=\frac{\boldsymbol{\Phi}}{A_2},\ \cdots,\ \boldsymbol{B}_n=\frac{\boldsymbol{\Phi}}{A_n} \tag{5.12}$$

(2) 求各段磁场强度 $\boldsymbol{H}_i$。根据各段磁路材料的磁化曲线 $\boldsymbol{B}_i=f(\boldsymbol{H}_i)$，求 $\boldsymbol{B}_1$，$\boldsymbol{B}_2$，…相对应的 $\boldsymbol{H}_1$，$\boldsymbol{H}_2$，…。

(3) 计算各段磁路的磁压降（$\boldsymbol{H}_i l_i$）。

(4) 根据式(5.11)求出磁通势（NI）。

【例 5.1】 有一环形铁芯线圈，其内径为 10 cm、外径为 15 cm，铁芯材料为铸钢。磁路中含有一空气隙，其长度等于 0.2 cm。设线圈中通有 1 A 的电流，若要得到 0.9 T 的磁感应强度，试求线圈的匝数。

解 空气隙的磁场强度为

$$\boldsymbol{H}_0=\frac{\boldsymbol{B}_0}{\mu_0}=\frac{0.9}{4\pi\times10^{-7}}=7.2\times10^5\ \text{A/m}$$

由铸钢的磁化曲线查出铸钢铁芯的磁场强度，在 $\boldsymbol{B}=0.9$ T 时，磁场强度

$$\boldsymbol{H}_1=500\ \text{A/m}$$

磁路的平均总长度为

$$l=\frac{10+15}{2}\pi=39.2\ \text{cm}$$

铁芯的平均长度为

$$l_1=l-\delta=39.2-0.2=39\ \text{cm}$$

对各段求磁压降，有

$$\boldsymbol{H}_0\delta=7.2\times10^5\times0.2\times10^{-2}=1440\ \text{A}$$

$$\boldsymbol{H}_1 l_1=500\times39\times10^{-2}=195\ \text{A}$$

总磁通势为

$$NI=\boldsymbol{H}_0\delta+\boldsymbol{H}_1 l_1=1440+195=1635\ \text{A}$$

线圈匝数为

$$N=\frac{NI}{I}=\frac{1635}{1}=1635$$

由例 5.1 可知，当磁路中含有空气隙时，由于其磁阻较大，磁通势几乎都降在了空气隙上。因此，若线圈匝数一定，当磁路中含有空气隙时，要得到相等的磁感应强度，必须增大励磁电流。

5.2 交流铁芯线圈电路

铁芯线圈分为直流铁芯线圈与交流铁芯线圈两种。直流铁芯线圈的励磁电流是恒定的，由此产生的磁通也是恒定的，不会在线圈内产生感应电动势。交流铁芯线圈的励磁电流是交变的，其铁芯中的磁通也是交变的，交变磁通将在线圈中产生感应电动势，并在铁芯中产生磁滞和涡流损耗，这使得交流铁芯线圈电路的电磁关系比直流铁芯线圈电路的电磁关系复杂得多。交流电机、变压器及各种交流电磁元件都是交流铁芯线圈电路。本节介绍交流铁芯线圈电路。

5.2.1 电磁关系

交流铁芯线圈电路如图 5.7 所示，线圈的匝数为 N。当在线圈两端加上正弦交流电压时，就有交变励磁电流流过，在交变磁通势的作用下产生交变的磁通，其绝大部分通过铁芯，称为主磁通 $\boldsymbol{\Phi}$；但还有很小部分从附近空气中通过，称为漏磁通 $\boldsymbol{\Phi}_\sigma$。交变的主磁通和漏磁通分别在线圈中产生感应电动势 e 和 e_σ，其参考方向可用右手螺旋定则确定，与电流 i 的参考方向一致。

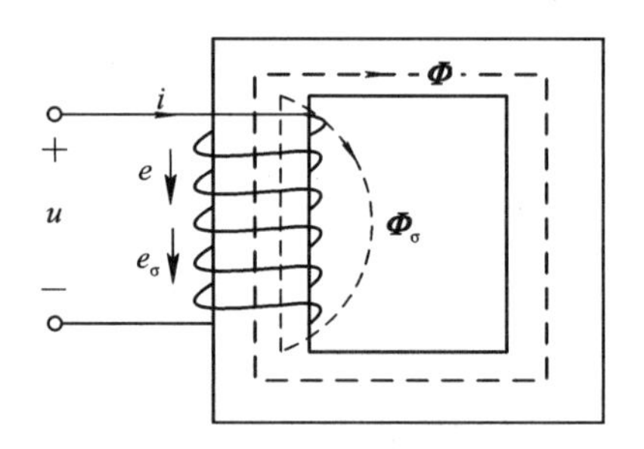

图 5.7 交流铁芯线圈电路

在上述变量的参考方向下，有

$$e = -N\frac{\mathrm{d}\boldsymbol{\Phi}}{\mathrm{d}t}$$

$$e_\sigma = -N\frac{\mathrm{d}\boldsymbol{\Phi}_\sigma}{\mathrm{d}t} = -L_\sigma\frac{\mathrm{d}i}{\mathrm{d}t}$$

$$L_\sigma = \frac{\mathrm{d}N\boldsymbol{\Phi}_\sigma}{\mathrm{d}t} = \frac{N\boldsymbol{\Phi}_\sigma}{i} = 常数$$

式中，L_σ为铁芯线圈的漏磁电感。

5.2.2 电压电流关系

图 5.7 所示的交流铁芯线圈电路中的电压和电流之间的关系，可由基尔霍夫电压定律得出

$$u+e+e_\sigma=Ri$$

或

$$u=Ri+(-e_\sigma)+(-e)=Ri+L_\sigma\frac{\mathrm{d}i}{\mathrm{d}t}+(-e) \tag{5.13}$$

设线圈的等效电阻为 R，一般情况下，当外加正弦电压 u 时，Ri 与 e_σ 值可忽略不计，因此 $u\approx -e$，而 $e=-N\dfrac{\mathrm{d}\boldsymbol{\Phi}}{\mathrm{d}t}$，故式中各量可视为正弦量。由于 $\boldsymbol{\Phi}$ 与 i 的关系是非线性的，因此 i 是非正弦周期量，但可以用等效的正弦电流来代替，即可视作正弦量，于是上式也可以用相量表示为

$$\dot{U}=R\dot{I}+(-\dot{E}_\sigma)+(-\dot{E})=R\dot{I}+\mathrm{j}X_\sigma\dot{I}+(-\dot{E}) \tag{5.14}$$

式中，漏磁感应电动势 $\dot{E}_\sigma=\mathrm{j}X_\sigma\dot{I}$，其中 $X_\sigma=\omega L_\sigma$，称为漏磁感抗，它是由漏磁磁通引起的。忽略前两项时，有 $\dot{U}\approx-\dot{E}$，其有效值为 $U\approx -E$。

至于主磁感应电动势，由于主磁电感或相应的主磁感抗不是常数，应按下面的方法计算。

设主磁通 $\boldsymbol{\Phi}=\boldsymbol{\Phi}_m\sin\omega t$，则

$$\begin{aligned}e&=-N\frac{\mathrm{d}\boldsymbol{\Phi}}{\mathrm{d}t}=-N\frac{\mathrm{d}(\boldsymbol{\Phi}_\mathrm{m}\sin\omega t)}{\mathrm{d}t}=-N\omega\boldsymbol{\Phi}_\mathrm{m}\cos\omega t\\&=2\pi fN\boldsymbol{\Phi}_\mathrm{m}\sin(\omega t-90^\circ)=E_\mathrm{m}\sin(\omega t-90^\circ)\end{aligned} \tag{5.15}$$

其中，$E_\mathrm{m}=2\pi fN\boldsymbol{\Phi}_\mathrm{m}$，是主磁电动势 e 的幅值，而其有效值则为

$$E=\frac{E_\mathrm{m}}{\sqrt{2}}=\frac{2\pi fN\boldsymbol{\Phi}_\mathrm{m}}{\sqrt{2}}=4.44fN\boldsymbol{\Phi}_m \tag{5.16}$$

故

$$\boldsymbol{\Phi}_\mathrm{m}=\frac{E}{4.44fN}=\frac{U}{4.44fN} \tag{5.17}$$

可见，当 f 和 N 一定时，铁芯线圈中主磁通的最大值基本上取决于电源电压，此关系普遍适用于交流电机和电器。

5.2.3 功率损耗

在交流铁芯线圈中，功率损耗主要有铜损和铁损两种。

1. 铜损（ΔP_Cu）

在交流铁芯线圈中，线圈等效电阻 R 上的功率损耗称为铜损，用 ΔP_Cu 表示，即

$$\Delta P_\mathrm{Cu}=RI^2 \tag{5.18}$$

式中，R 是线圈的等效电阻；I 是线圈中电流的有效值。

2. 铁损（ΔP_Fe）

在交流铁芯线圈中，处于交变磁通下的铁芯内的功率损耗称为铁损，用 ΔP_Fe 表示。

铁损由磁滞和涡流产生。

（1）磁滞损失 ΔP_h。由磁滞所产生的能量损耗称为磁滞损耗。磁滞损耗取决于磁滞回线的面积和磁场交变的频率。磁滞损耗可引起铁芯发热。为了减小磁滞损耗，应选用磁滞回线狭小的磁性材料制造铁芯。硅钢就是变压器和电机中常用的铁芯材料，其磁滞损耗较小。

(2) 涡流损失 ΔP_e。若铁芯为整块的，则交变磁通在与磁通方向垂直的截面中产生漩涡状的感应电动势和电流，称该感应电流为涡流。由涡流产生的功率损耗称为涡流损耗。涡流损耗会使铁芯发热。为了减小涡流损耗，顺着磁场方向的铁芯可由彼此绝缘的硅钢片叠成，这样就可以限制涡流只能在较小的截面内流通，如图 5.8 所示。此外，通常所用的硅钢片中含有少量的硅(0.8%～4.8%)，因而电阻率较大，这也可以使涡流减小。

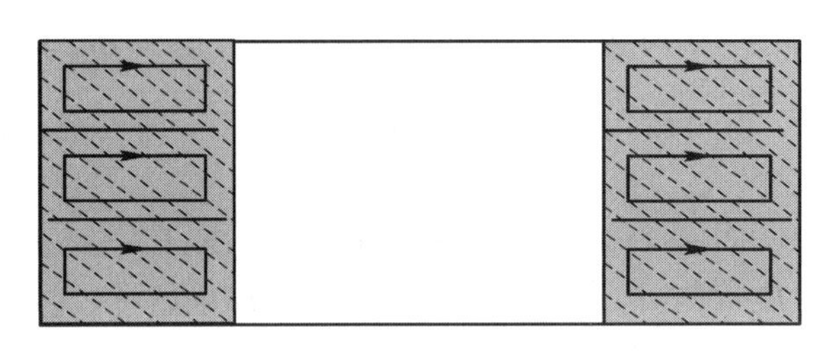

图 5.8　减小涡流损耗

在交流磁通的作用下，铁芯内的这两种损耗合称铁损 ΔP_{Fe}，即

$$\Delta P_{Fe} = \Delta P_h + \Delta P_e \propto \boldsymbol{B}_m^2 \tag{5.19}$$

由式(5.19)可知，铁损与铁芯内磁感应强度的最大值 $\boldsymbol{B}_m$ 的平方成正比，故 $\boldsymbol{B}_m$ 不宜选得过大，一般取 0.8～1.2 T。

3. 交流铁芯线圈电路的有功功率

由上述讨论可知，交流铁芯线圈电路的有功功率为

$$P = UI\cos\varphi = P_{Cu} + P_{Fe} = I^2R + \Delta P_{Fe} = I^2R + \Delta P_h + \Delta P_e \tag{5.20}$$

【例 5.2】 为了求出铁芯线圈的铁损，先将它接在直流电源上，测得线圈的电阻为 2.35 Ω；然后接在交流电源上，测得电压 $U=90$ V，功率 $P=60$ W，电流 $I=1.5$ A，试求铁损和线圈的功率因数。

解　线圈的铜损为

$$\Delta P_{Cu} = I^2R = 1.5^2 \times 2.35 \approx 5.29 \text{ W}$$

线圈的铁损为

$$\Delta P_{Fe} = P - \Delta P_{Cu} = 60 - 5.29 = 54.71 \text{ W}$$

线圈的功率因数为

$$\cos\varphi = \frac{P}{UI} = \frac{60}{90 \times 1.5} \approx 0.44$$

5.3 变　压　器

变压器是电工、电子技术中常用的电气设备。在实际应用中，常常通过变压器改变交流电的输出电压，以适应各种不同的需要。除此之外，变压器还具有电流变换和阻抗变换的功能。变压器是利用电磁感应原理实现能量变换的装置。

5.3.1 概述

1. 变压器的基本结构

将两个(或多个)线圈安装在同一个磁芯上，就构成了变压器。其中，一个线圈与电源

相连，作为输入能量的端口，称为原边线圈或一次侧线圈；该线圈与电源共同构成的回路称为一次回路。另一个线圈与负载相连，作为输出能量的端口，称为副边线圈或二次侧线圈；该线圈与负载共同构成的回路称为二次回路。变压器结构示意图如图 5.9 所示。变压器的线圈可以用任意材质的导线制作，工业上常用的是铜线或铝线。

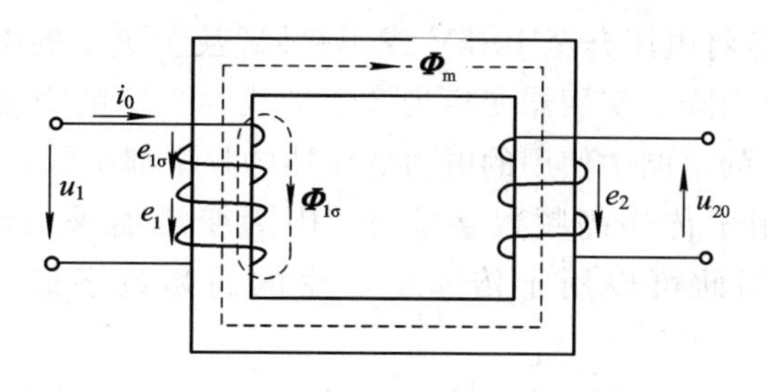

图 5.9　变压器结构示意图

变压器中的磁芯根据应用目的不同，所用的材料和工艺是不同的。对于工作在低频的电力变压器(包括实验室用的调压器)来说，磁芯一般采用硅钢片，取其饱和磁感应强度高的优点；而对于工作在高频的信号变压器和高频直流变压器来说，磁芯一般采用铁氧体，取其高频损耗小的优点。

此外，在交变电压的作用下，磁芯中的磁场也相应交变，在这个过程中，推动全体微小磁畴方向交变翻转的能量将转化为热能，这就是磁芯的损耗。为了减少铁芯中的磁滞损耗和涡流损耗以及降低磁路的磁阻，变压器的铁芯大多使用厚的硅钢片交错叠装而成，即将每层硅钢片的拉缝错开。图 5.10 所示为几种常见的铁芯形状。

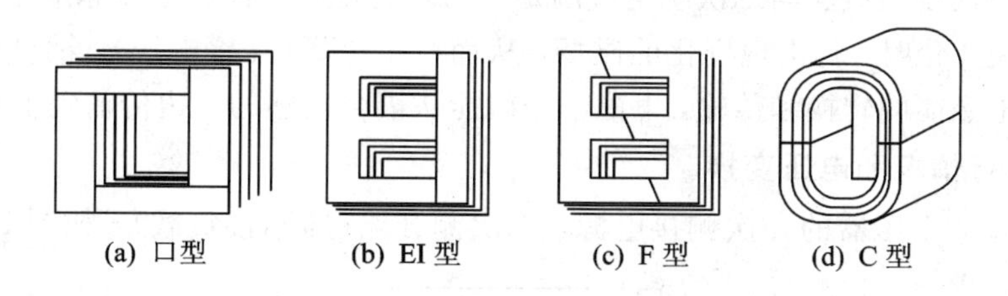

图 5.10　变压器铁芯形状

变压器按铁芯和绕组的组合方式，可分为心式和壳式两种，如图 5.11 所示。心式变压器的铁芯被绕组所包围，而壳式变压器的铁芯则包围绕组。心式变压器用铁量比较少，多用于大容量的变压器，壳式变压器用铁量较多，但不需要专用的变压器外壳，常用于小容量的变压器。

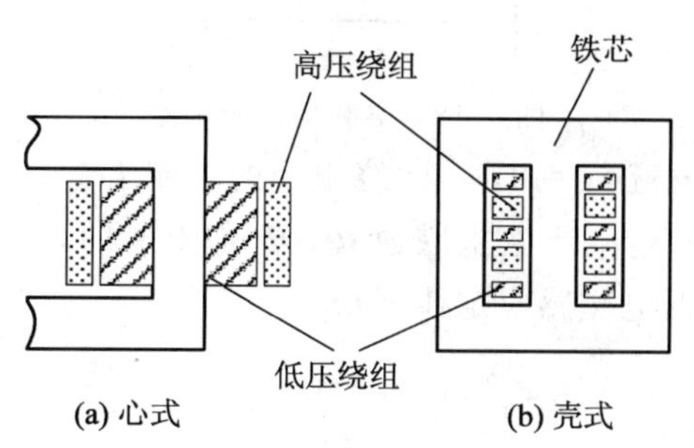

图 5.11　变压器的结构

2. 变压器的作用

变压器可以实现电压变换、电流变换和阻抗变换，在生活中的应用非常广泛。常见变压器有以下几种：

(1) 电力变压器：用于电力输送和变换。远方的水电站、火电站或核电站产生的电能，首先通过电力升压变压器将电压升至 10 kV 或 100 kV 甚至更高的电压后，传送到城市、农村以及工厂时，再经过电力降压变压器变换为 220 V 或 380 V 的交流电，供家用电器和工厂生产设备用。大多数国家的电网中使用的电力变压器的频率都很低，一般是 50 Hz 或 60 Hz。

(2) 信号变压器：用于传递高频数字信号。因为变压器采用磁场传递信号，所以抗电磁干扰性能非常好，因此可以用于传递小功率的高频数字信号，工作频率可以达到 100 kHz 甚至 1 MHz 。

(3) 高频直流变压器：采用斩波加滤波的工作方式，实现直流电压的隔离变换和能量传递，其工作频率一般在 20 kHz～1 MHz。高频直流变压器在生活中的应用极其广泛，无论是冰箱、洗衣机、空调，还是电脑、电视、笔记本/无线路由器的适配器、充电器、大型数据中心、服务器等，都需要将 220V 的交流电整流为直流电压，再经过高频直流变压器变换为 12 V、5 V、3.3 V 等不同的直流电压，供不同的芯片和控制电路使用。甚至手机、平板电脑中的各种芯片所需要的不同的供电电压，也是其内部的锂电池电压通过高频功率变压器变换得到的。

5.3.2　变压器的工作原理

变压器的一次绕组线圈与二次绕组线圈是一对耦合电感，根据电磁感应定律，当耦合电感中的施感电流变化时，将出现变化的磁场，从而产生电场(互感电压)，耦合电感通过变化的电磁场进行电磁能的转换和传输，电磁信号就能从耦合电感的一边传输到了另一边。

1. 空载运行情况和电压变换

空载状态下，变压器的一次侧接电源，二次侧开路(即不接负载)，如图 5.12 所示。

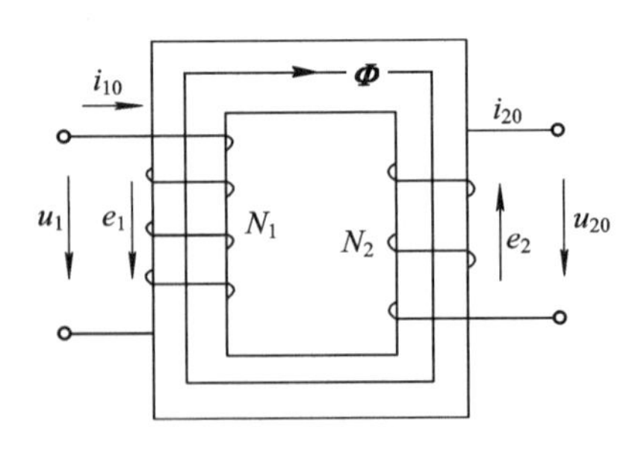

图 5.12　空载运行变压器

此时，二次绕组中的电流 $i_{20}=0$，一次绕组中的电流 $i_1=i_{10}$，称为空载电流(又称励磁电流)。一次绕组的磁通势 $N_1 i_{10}$ 产生主磁通 $\boldsymbol{\Phi}$，$\boldsymbol{\Phi}$ 是交变的，它分别在一、二次绕组中产生感应电动势 e_1 和 e_2。根据电磁感应定律可得

$$\begin{aligned} e_1 &= -N_1 \frac{\mathrm{d}\boldsymbol{\Phi}}{\mathrm{d}t} \\ e_2 &= -N_2 \frac{\mathrm{d}\boldsymbol{\Phi}}{\mathrm{d}t} \end{aligned} \tag{5.21}$$

另外，一次绕组漏磁通 $\boldsymbol{\Phi}_{\sigma1}$ 只在一次绕组中产生漏电感应电动势 $e_{\sigma1}$，一次绕组的漏磁通电感 $L_{\sigma1}=\dfrac{N_1\boldsymbol{\Phi}_{\sigma1}}{i_{10}}$。根据 5.2 节中对交流铁芯线圈的分析可知，一次绕组电压方程式为

$$u_1=R_1i_1+(-e_{\sigma_1})+(-e_1)=R_1i_{10}+L_{\sigma1}\frac{\mathrm{d}i_{10}}{\mathrm{d}t}+(-e_1) \tag{5.22}$$

一次绕组的电阻电压 R_1i_{10} 和漏电感电压 $L_{\sigma1}\dfrac{\mathrm{d}i_{10}}{\mathrm{d}t}$ 的数值很小，可以忽略不计。当 u_1 按正弦规律变化时，$\boldsymbol{\Phi}$ 也按正弦规律变化，即

$$\boldsymbol{\Phi}=\boldsymbol{\Phi}_{\mathrm{m}}\sin\omega t \tag{5.23}$$

根据前面的分析结果，可知

$$u_1\approx -e_1=N_1\frac{\mathrm{d}\boldsymbol{\Phi}}{\mathrm{d}t}=\sqrt{2}U_1\sin(\omega t+90^\circ) \tag{5.24}$$

式中，$U_1\approx E_1=4.44fN_1\boldsymbol{\Phi}_{\mathrm{m}}$。

可见，变压器在电源频率 f 和一次绕组匝数 N_1 不变时，铁芯中主磁通的最大值基本上取决于电源电压 U_1。

空载时，二次绕组是开路的，$i_{20}=0$，其端电压 $u_2=u_{20}$，u_{20} 就等于二次绕组中主磁通感应的电动势 e_2；同理，按照图 5.12 中所规定的参考方向，可得

$$u_{20}=e_2=-N_2\frac{\mathrm{d}\boldsymbol{\Phi}}{\mathrm{d}t}=\sqrt{2}U_{20}\sin(\omega t-90^\circ) \tag{5.25}$$

式中，$U_{20}\approx E_2=4.44fN_2\boldsymbol{\Phi}_{\mathrm{m}}$。

由此可得变压器一、二次绕组的电压比为

$$\frac{U_1}{U_{20}}\approx\frac{E_1}{E_2}=\frac{N_1}{N_2}=k \tag{5.26}$$

上式表明，变压器空载运行时，一、二次绕组的电压比等于两者的匝数比 k，k 称为变压器的变压比或变比。当一、二次绕组的匝数不同时，变压器就可以把某一数值的交流电压变换为同频率的另一数值的电压，这就是变压器的电压变换作用。当 $k>1$ 时，变压器为降压变压器；当 $k<1$ 时，变压器为升压变压器；当 $k=1$ 时，变压器为隔离变压器。

2. 负载运行和电流变换

变压器的一次绕组接交流电压 u_1，二次绕组接负载，变压器向负载供电，这种运行状态称为负载运行，如图 5.13 所示。

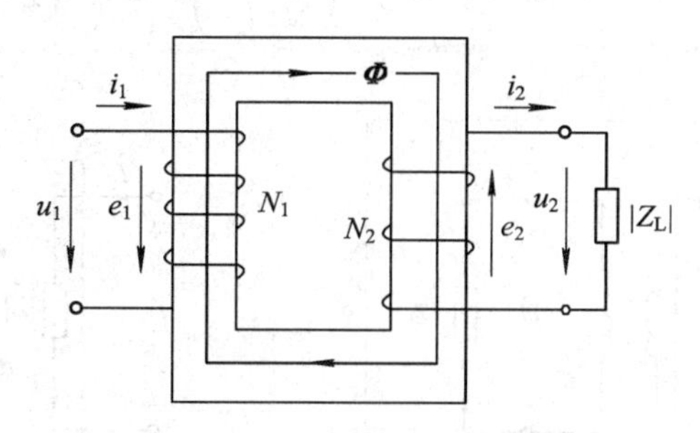

图 5.13　负载运行变压器

负载运行后，一次侧电流为 i_1，二次侧的电流为 i_2。因为二次绕组有了电流 i_2 后，二次侧的磁通势 N_2i_2 也要在铁芯中产生磁通，因此变压器铁芯中的主磁通系由一、二次绕组的

磁通势共同产生。

根据 $U_1 \approx E_1 = 4.44 f N_1 \boldsymbol{\Phi}_m$ 可知，当电源电压 U_1、频率 f 和一次绕组匝数 N_1 不变时，铁芯中主磁通的最大值基本不变，即在变压器空载和有载时是基本不变的。也就是说，变压器在负载运行时的总磁通势应与空载时的磁通势基本相等，用公式表示，即

$$\dot{I}_1 N_1 + \dot{I}_2 N_2 = \dot{I}_{10} N_1 \tag{5.27}$$

这一关系称为变压器的磁通势平衡方程式。

显然，$N_2 i_2$ 的出现，将使铁芯中原有的主磁通有减弱的趋势。但是，在一次绕组的外加电压(电源电压)不变的情况下，主磁通基本保持不变，因而一次绕组的电流将由 i_{10} 增大为 i_1，使得一次绕组的磁通势由 $N_1 i_{10}$ 变成 $N_1 i_1$，以抵消二次绕组磁通势 $N_2 i_2$ 的去磁作用。

由于变压器的空载电流 i_{10} 很小，一般不到额定电流的 10%，因此当变压器额定运行时，若忽略空载电流，则

$$\dot{I}_1 N_1 \approx -\dot{I}_2 N_2 \tag{5.28}$$

由式(5.28)可得变压器一、二次侧电流有效值的关系为

$$\frac{I_1}{I_2} \approx \frac{N_2}{N_1} = \frac{1}{k} \tag{5.29}$$

式(5.29)说明，当变压器额定运行时，一、二侧电流之比近似等于其匝数比的倒数。只要改变一、二次绕组的匝数，就可以改变一、二次绕组电流的比值，这就是变压器的电流变换作用。

3. 阻抗变换

变压器除了有电压、电流的变换作用之外，还有阻抗的变换。

在图 5.14(a)所示的电路中，负载阻抗模 $|Z_L|$ 接入变压器的二次侧，则将在变压器输入电压、电流和功率不变的前提下，直接接在电源上的阻抗模 $|Z|$(如图 5.14(b)所示)称为与接在变压器二次侧的负载阻抗模 $|Z_L|$ 是等效的。

因为

$$|Z_L| = \frac{U_2}{I_2}, \quad |Z| = \frac{U_1}{I_1}$$

所以

$$|Z| = \frac{U_1}{I_1} = \frac{\frac{N_1}{N_2} U_2}{\frac{N_2}{N_1} I_2} = \left(\frac{N_1}{N_2}\right)^2 \frac{U_2}{I_2} = k^2 |Z_L| \tag{5.30}$$

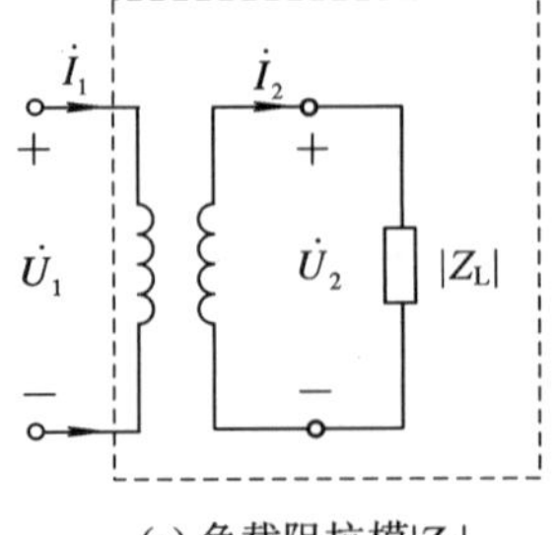

(a) 负载阻抗模$|Z_L|$

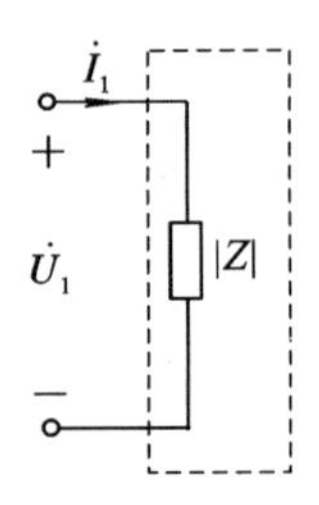

(b) 阻抗模$|Z|$

图 5.14 阻抗变换

5.3.3 变压器的额定值、外特性与效率

1. 变压器的额定值

(1) 额定电压 U_N：指变压器一次绕组空载时各绕组的端电压。在三相变压器中，额定电压是指线电压。

(2) 额定电流 I_N：指允许绕组长时间连续工作时的线电流。

(3) 额定容量 S_N：指在额定工作条件下的变压器的视在功率。

(4) 额定频率 f_N：指变压器应接入的电源频率。我国电力系统的标准频率为 50 Hz。

2. 变压器的外特性和电压变化率

当变压器一次绕组电压和负载功率因数一定时，二次绕组电压随负载电流变化的曲线称为变压器的外特性。外特性曲线如图 5.15 所示。

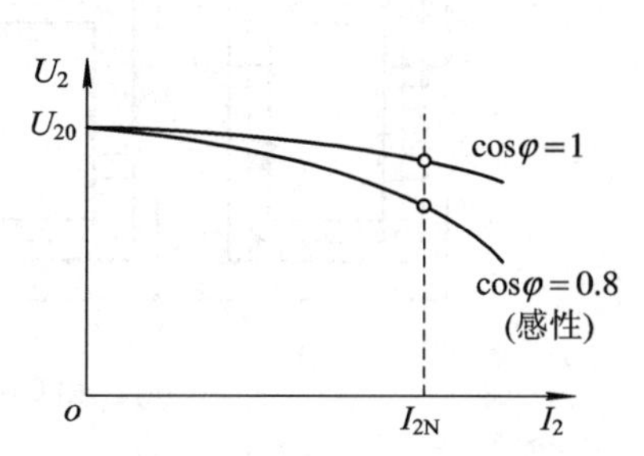

图 5.15 变压器的外特性曲线

变压器外特性变化的程度可用电压变化率 ΔU 来表示，即

$$\Delta U = \frac{U_{20} - U_2}{U_{20}} \times 100\% \qquad (5.31)$$

电压变化率反映了电压 U_2 的变化程度。通常希望 U_2 的变动愈小愈好，一般变压器的电压变化率为 5%左右。

3. 损耗与效率

变压器在传输电能的过程中，一、二次绕组和铁芯都要消耗一部分功率(即绕组上的铜损和铁芯中的铁损)，所以输出功率将略小于输入功率。输出功率与输入功率之比称为变压器的效率 η，通常用百分数表示，即

$$\eta = \frac{P_2}{P_1} \times 100\% = \frac{P_2}{P_2 + \Delta P_{Cu} + \Delta P_{Fe}} \times 100\% \qquad (5.32)$$

损耗包括铜损和铁损，即

$$\Delta P = \Delta P_{Cu} + \Delta P_{Fe} \qquad (5.33)$$

其中铜损

$$\Delta P_{Cu} = I_1^2 R_1 + I_2^2 R_2 \qquad (5.34)$$

铁损 ΔP_{Fe} 包括磁滞损耗和涡流损耗。

5.3.4 自耦变压器与三相变压器

1. 自耦变压器

自耦变压器是一种特殊的变压器，其二次绕组是一次绕组的一部分，如图 5.16 所示。自耦变压器一、二次绕组的端电压之比和一、二次绕组中电流之比仍为

$$\frac{U_1}{U_2} = \frac{N_1}{N_2} = k, \quad \frac{I_1}{I_2} = \frac{N_2}{N_1} = \frac{1}{k}$$

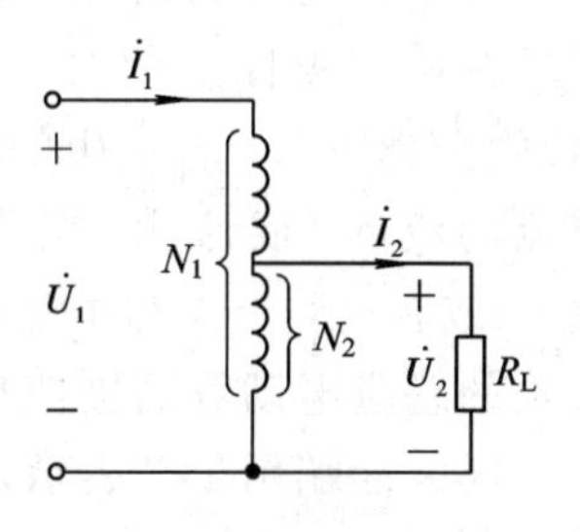

图 5.16 自耦变压器

实验室中使用的调压器就是自耦变压器，通过改变二次绕组的匝数，改变输出电压的大小。

2. 三相变压器

目前的电力系统普遍采用三相制供、配电，三相变压器在现实中的应用相当广泛。三相变压器分为三相变压器组和三相心式变压器两种。

1) 三相变压器组

三相变压器组由三台相同的单相变压器组成，如图 5.17(a)所示。对于容量较大的变压器，为了便于制造、运输、安装并减小备用容量，通常制成这种型式的变压器。

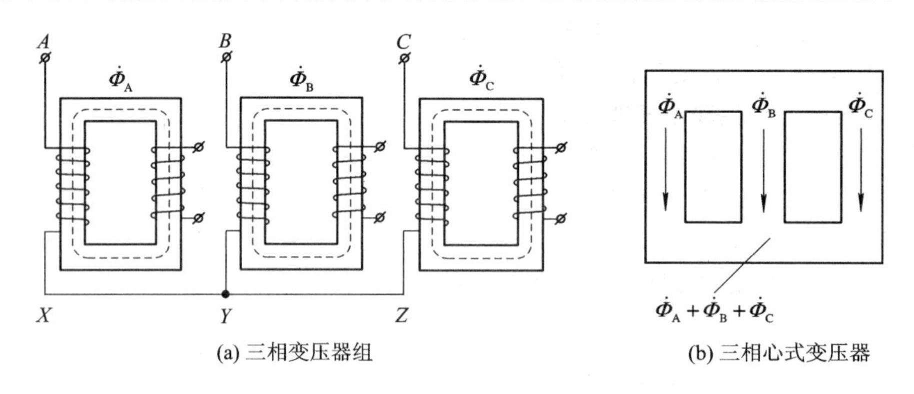

(a) 三相变压器组　　(b) 三相心式变压器

图 5.17　三相变压器

显然，三相变压器组的三相主磁通通过各自的铁芯闭合，即三相磁路是独立的，三相之间只有电路联系。由于三相磁路完全相同，因此只要电源电压是三相对称的，将使三相空载(励磁)电流也对称，则三相磁通也是对称的。

组式变压器的三相铁芯相互独立、三相磁路互不关联，因此便于拆开运输，另外还可以减少备用容量。

2) 三相心式变压器

三相心式变压器的铁芯如图 5.17(b)所示。从图中可以看出，三相磁路是互相依赖的，并且三相磁路的长度也不完全相同。严格地说，即使电源电压是三相对称的，但由于三相磁路不完全相同，也不能使三相励磁电流对称，三相磁通也不会是对称的。

心式变压器的铁芯互不独立，三相磁路互相关联；中间相的磁路短、磁阻小，励磁电流不平衡，但对实际运行的变压器而言，其影响极小。

5.3.5　变压器的绕组极性与测定

1. 变压器绕组的极性

变压器绕组的极性，指的是它的一、二次绕组端子在瞬时极性上的对应关系。当电流流入(或流出)两个绕组时，若产生的磁通方向相同，则这两个电流的流入(或流出)端称为同极性端(亦称同名端)。或者说，当铁芯中磁通变化时，在两个绕组中产生的感应电动势的极性相同的两端为同极性端。

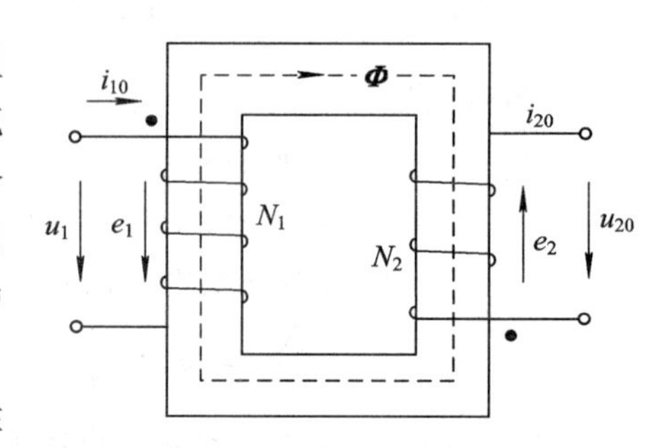

图 5.18　变压器绕组的极性

同极性端用“·”表示，如图 5.18 所示。同极性端和绕组的绕向有关。

2. 变压器绕组极性的测定

(1) 已知绕组的绕向。如图 5.19 所示，当已知绕组绕向时，设有一交变磁通 $\boldsymbol{\Phi}$ 通过铁芯，并任意假定其参考方向。根据右手螺旋法则，可以判定出两个绕组中产生感应电势的参考方向。

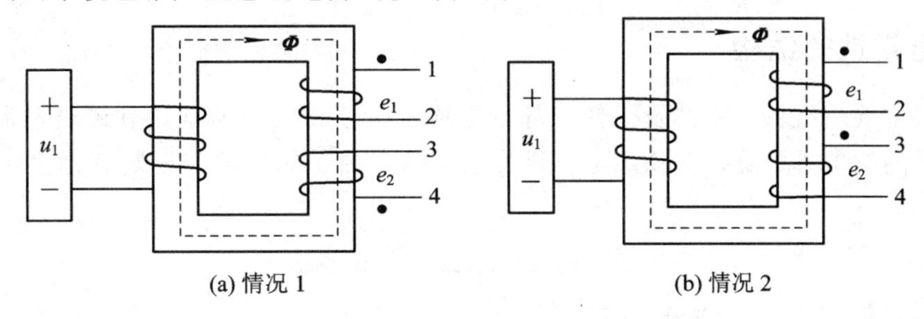

图 5.19 变压器绕组极性的测定

(2) 不知绕组的绕向。当变压器绕组的绕向不明时，可以用以下两种方法测定其极性。

方法一：交流法。

如图 5.20 所示，把两个线圈的任意两端 ($X-x$) 连接，然后在 AX 两端加入一个低电压 u_{AX}，测量 U_{AX}、U_{Aa}、U_{ax}，若 $U_{Aa}=|U_{AX}-U_{ax}|$，则说明 A 与 a 或 X 与 x 为同极性端，若 $U_{Aa}=|U_{AX}+U_{ax}|$，则说明 A 与 x 或 X 与 a 是同极性端。

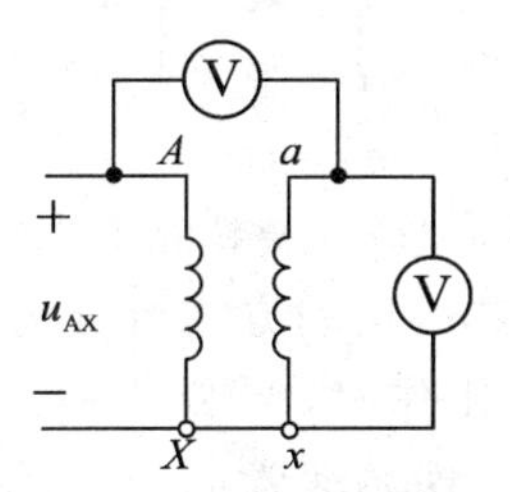

图 5.20 交流法测定变压器绕组极性

方法二：直流法。

直流法测定变压器绕组的极性如图 5.21 所示。在一个绕组的两端加上直流电压，另一个绕组接电流表。当开关 S 闭合时，如果电流表正偏，则 A 与 a 为同极性端；如果电流表反偏，则 A 与 x 为同极性端。

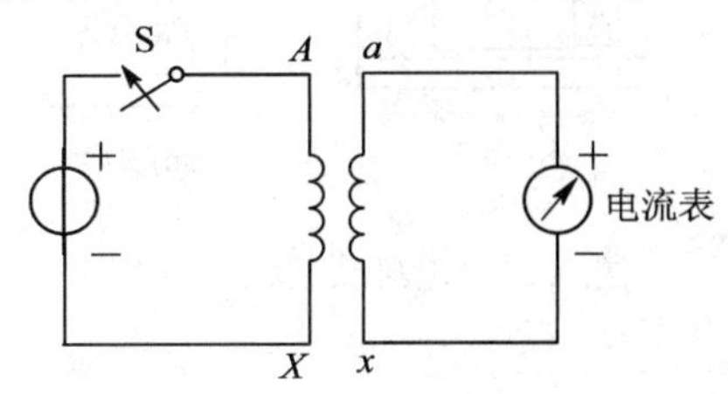

图 5.21 直流法测定变压器绕组的极性

5.4 电 磁 铁

电磁铁是利用通电的铁芯线圈吸引衔铁或保持某种机械零件、工件于固定位置的一种电器。当线圈通电后，铁芯和衔铁被磁化成为极性相反的两块磁铁，它们之间产生电磁吸力。当电磁吸力大于弹簧的反作用力时，衔铁开始向着铁芯方向运动。当线圈中的电流小于某一定值或中断供电时，电磁吸力小于弹簧的反作用力，衔铁将在反作用力的作用下返回原来的释放位置。

5.4.1 电磁铁的结构

电磁铁主要由线圈、铁芯及衔铁三部分组成，铁芯和衔铁通常用软磁材料制成。铁芯一般是静止的，线圈总是装在铁芯上。开关电器的电磁铁的衔铁上还装有弹簧，如图 5.22 所示。

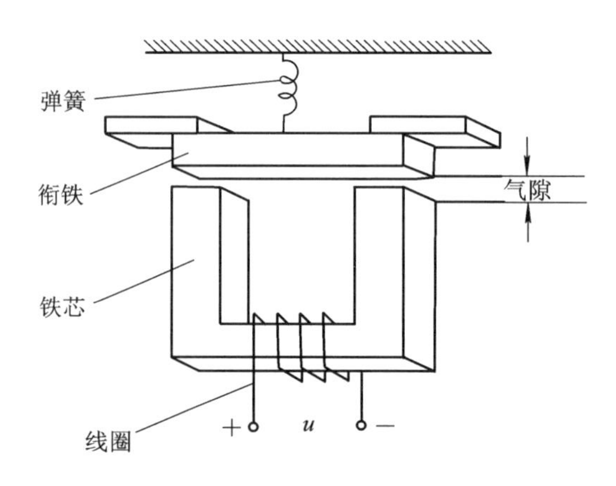

图 5.22 电磁铁的基本结构

电磁铁的结构多种多样，按衔铁的运动方式可分为转动式(如图 5.23(a)所示)和直动式(如图 5.23(b)、(c)、(d)所示)。工作时，线圈中通入电流以产生磁场，因而线圈称为励磁线圈；通入的电流称为励磁电流。铁芯通常固定不动，而衔铁是活动的。在线圈通电之后，衔铁就被吸向铁芯，从而可以带动某一机构产生相应的动作，执行一定的任务。

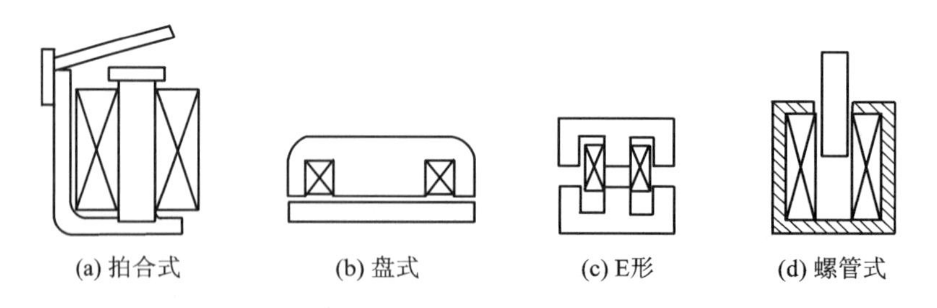

图 5.23 电磁铁的结构分类

5.4.2 电磁铁的分类

根据使用的电源类型可以将电磁铁分为两类：直流电磁铁和交流电磁铁。

(1) 直流电磁铁。直流电磁铁一般使用 24 V 直流电压，因此需要专用的直流电源。其优点是不会因铁芯卡住而烧坏(其圆筒形外壳上没有散热筋)，体积小，工作可靠，允许切换频率为 120 次/分，换向冲激小，使用寿命较长；缺点是起动力比交流电磁铁的小。另外，直流电磁铁的磁通不变，无铁损，铁芯用整块软钢制成。

(2) 交流电磁铁。阀用交流电磁铁的使用电压一般为交流 220 V，电气线路配置简单。交流电磁铁的起动力较大，换向时间短，但换向冲激大，工作时温升高(外壳设有散热筋)。当阀心卡住时，电磁铁因电流过大易烧坏，可靠性较差，所以切换频率不许超过 30 次/分，寿命较短。另外，在交流电磁铁中，为了减少铁损，铁芯由钢片叠成。

交流电磁铁的吸力在零与最大值之间脉动。衔铁以两倍电源频率在颤动，将引起噪音，同时触点也容易损坏。为了消除这种现象，在磁极的部分端面套一个分磁环(或称短路环)。工作时，分磁环中产生感应电流，阻碍磁通变化，在磁极端面的磁通 $\boldsymbol{\Phi}_1$ 和 $\boldsymbol{\Phi}_2$ 之间产生相位差，相应这两部分的吸力不同时为零，实现了消除振动和噪音。

在交流电磁铁中，线圈电流不仅与线圈的电阻有关，还与线圈的感抗有关。在其吸合过程中，随着磁路气隙的减小，线圈的感抗增大，电流减小。如果衔铁被卡住，通电后衔铁吸合不上，线圈的感抗一直很小，电流较大，将使线圈严重发热甚至烧毁。

习 题 5

5-1 一均匀闭合铁芯线圈，匝数为 300，铁芯中磁感应强度为 0.9 T，磁路的平均长度为 45 cm。试求：

(1) 铁芯材料为铸铁时线圈中的电流。

(2) 铁芯材料为硅钢片时线圈中的电流。

5-2 已知某变压器铁芯截面积 $A=150\ \text{cm}^2$，铁芯中磁感应强度的最大值不能超过 1.2 T，若要用它把 6000 V 的工频交流电变换为 230 V 的同频交流电，则变压器一、二次绕组的匝数 N_1、N_2 应各为多少？

5-3 一容量为 5 kV·A 的单相变压器，原绕线额定电压 $U_{1N}=220$ V，副绕组的额定电压 $U_{2N}=24$ V。试求原、副绕额定电流 I_{1N} 和 I_{2N}。

5-4 交流信号源的电动势 $U_S=120$ V，内阻 $R_0=800\ \Omega$，负载为扬声器，其等效电阻为 $R_L=8$。要求：

(1) 当 R_L 折算到原边的等效电阻时，求变压器的匝数比和信号源输出的功率。

(2) 当将负载直接与信号源联接时，信号源输出多大功率？

5-5 设交流信号源电压 $U=100$ V，内阻 $R_0=800\ \Omega$，负载 $R_L=8\ \Omega$。

(1) 将负载直接接至信号源，负载获得多大功率？

(2) 经变压器进行阻抗匹配，求负载获得的最大功率是多少？变压器变比是多少？

第6章　三相异步电动机

电动机是一种将电能转换成机械能的电磁机械装置。电动机根据其使用电源的不同，可分为交流电动机和直流电动机。交流电动机按其工作特点又分为同步电动机和异步电动机(或称为感应电动机)。异步电动机因为具有结构简单，制造、使用和维护方便，成本低廉，运行可靠，效率高等优点，在生产中应用广泛。异步电动机按电源的相数不同，又分为三相异步电动机和单相异步电动机。各种金属切削机床、起重机、水泵、功率不大的通风机等主要采用三相异步电动机驱动；医疗器械、电动工具、家用电器等常采用单相异步电动机驱动。

本章将介绍三相异步电动机的基本构造、工作原理、运行特性和控制方法。

6.1　三相异步电动机的结构和工作原理

三相异步电动机主要由定子(固定部分)和转子(旋转部分)两大部分组成，两部分之间有空气隙。三相笼型异步电动机的结构如图6.1所示。

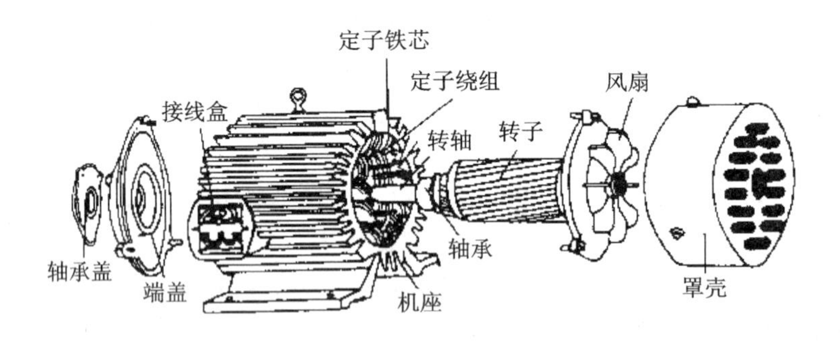

图6.1　三相笼型异步电动机的结构

6.1.1　三相异步电动机的结构

1. 定子

异步电动机中定子的作用是产生旋转磁场的。定子主要由定子铁芯、定子绕组和机座三部分构成，如图6.2所示。

定子铁芯是构成电动机磁路的一部分，通常由0.5 mm厚、彼此绝缘的硅钢片(俗称冲片)叠成圆筒状，安装在机座的内壁上。定子铁芯的内圆周冲有槽，用来嵌放定子绕组。定子绕组构成电动机的电路，是由绝缘导线绕制而成的，绕组与铁芯之间是绝缘的。定子绕

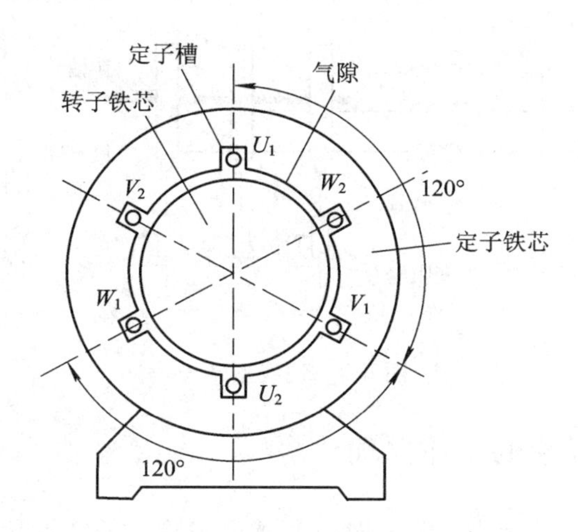

图 6.2　定子结构

组共分三组，均匀分布在定子铁芯槽内，它们在定子内圆周空间彼此相隔 120°排列，构成对称的三相绕组。当定子绕组通入三相对称电流时，将产生旋转磁场。机座是用来固定和支撑定子铁芯的，由铸铁或铸钢浇铸成型。

2. 转子

异步电动机中转子的作用是在旋转磁场的作用下产生感应电动势或电流。转子主要由转子铁芯、转子绕组和转轴组成。

转子铁芯由硅钢片叠压成圆柱状固定在转轴上，铁芯外圆周有均匀分布的槽，用来嵌放转子绕组。转子铁芯也是电动机磁路的一部分。

转子绕组按结构可分为笼型和绕线型两种。笼型转子绕组是由浇铸在转子铁芯凹槽内的若干导电条组成的，两端与短路环连接起来。如果去掉铁芯，转子绕组就像一个笼子(如图 6.3 所示)，因此，称之为笼型转子。目前，中小型笼型异步电动机的转子大多采用铸铝的方式制成，大型笼型异步电动机的转子则多采用铸铜的方式。笼型异步电动机结构简单、价格低廉、工作可靠，因此应用较为广泛，但是笼型异步电动机不能人为地改变其机械特性。

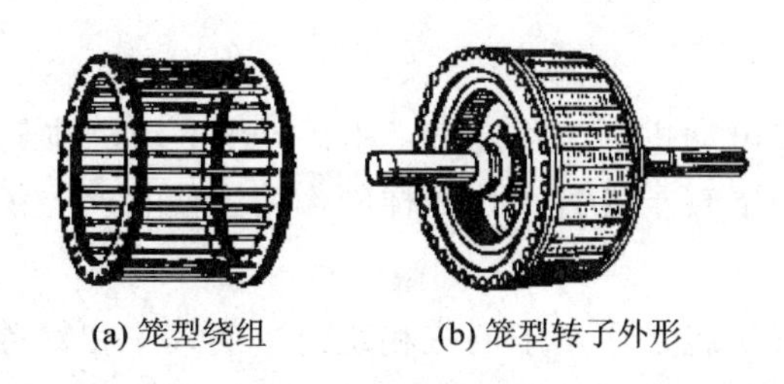

(a) 笼型绕组　　(b) 笼型转子外形

图 6.3　笼型转子

绕线型转子绕组与定子绕组相似，也是对称三相绕组，作星形连接，并且每相出线端分别与安装在转轴上的滑环连接。环与环、环与转轴之间相互绝缘，依靠滑环与电刷的滑动接触与外电路相连接，如图 6.4 所示。绕线型转子可以通过在转子绕组回路接入起动电阻和调速电阻来改变电动机的机械特性。

转轴的作用主要是支撑转子铁芯和输出机械转矩。

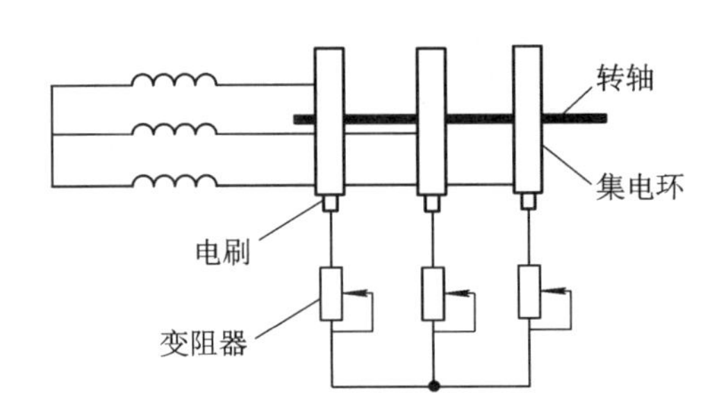

图 6.4　绕线型转子

6.1.2　三相异步电动机的工作原理

为了说明电动机的转动原理，先来做一个演示实验，实验装置如图 6.5 所示。有一个带手柄的 U 型磁铁，在 U 型磁铁的磁极之间有一个笼型转子。该笼型转子由铜条组成，铜条两端靠短路环连接。笼型转子的转轴可以自由转动，并且笼型转子与 U 型磁铁之间没有任何机械连接。

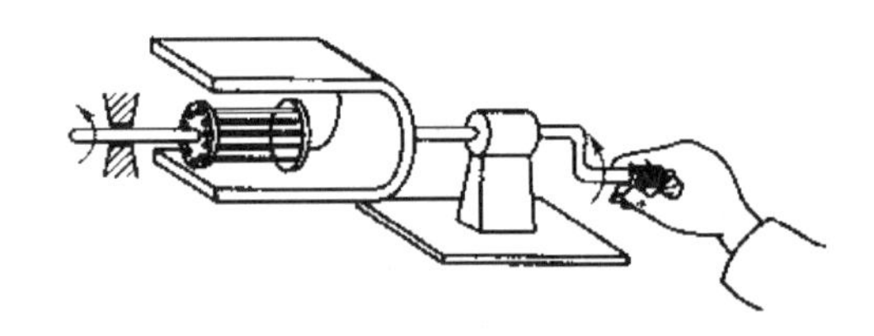

图 6.5　笼型转子转动的演示图

实验现象如下：通过手柄旋转 U 型磁铁时，笼型转子也跟着旋转，而且旋转的方向与 U 型磁铁的旋转方向相同。当 U 型磁铁的旋转速度变快时，笼型转子的旋转速度也变快；当 U 型磁铁的旋转速度变慢时，笼型转子的旋转速度也变慢；当改变 U 型磁铁的旋转方向时，笼型转子的旋转方向也发生改变。

从上面的实验可以看出，转子发生转动的两个条件是：

(1) 旋转的磁场。

(2) 转子置于磁场当中。

上述实验可说明异步电动机的工作原理，那么异步电动机在工作时旋转磁场是如何产生的？在旋转磁场的作用下转子受到了什么样的作用力使它产生了旋转运动？

1. 旋转磁场的产生

给电动机接通电源其实就是在定子的三相绕组中通入三相对称电流。设定子的三相绕组分别用 U_1U_2、V_1V_2、W_1W_2 表示，其中 U_1、V_1、W_1 分别表示三相绕组的始端，U_2、V_2、W_2 分别表示三相绕组的末端，三相绕组连接成星形，如图 6.6(a)所示。三相对称电流的波形如图 6.6(b)所示，其瞬时值表达式为

$$i_A = I_m \sin\omega t$$

$$i_B = I_m \sin(\omega t - 120°)$$

$$i_C = I_m \sin(\omega t + 120°)$$

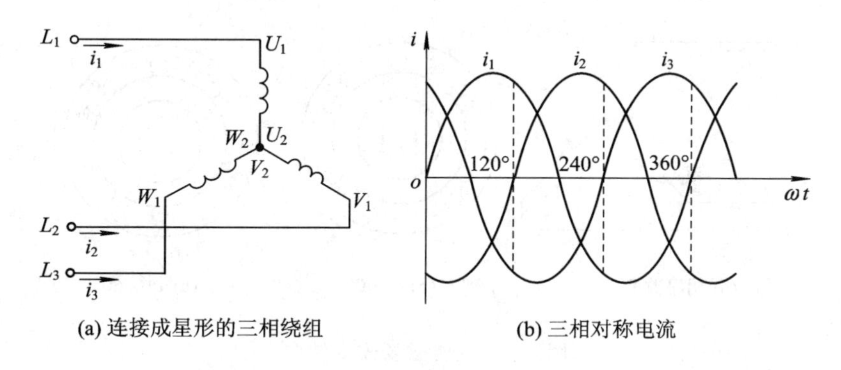

(a) 连接成星形的三相绕组　　(b) 三相对称电流

图 6.6　定子绕组的星形连接与三相对称电流

在 $\omega t=0$ 时，$i_1=0$，绕组 U_1U_2 中无电流流过；$i_2<0$，电流的实际方向与参考方向相反，即电流从绕组 V_1V_2 的末端流入，始端流出；$i_3>0$，电流的实际方向与参考方向相同，即电流从绕组 W_1W_2 的始端流入，末端流出。根据右手螺旋定则可判断出各相电流产生的合成磁场如图 6.7(a)中的虚线所示。可见，合成磁场有一对磁极(一个 N 极和一个 S 极)，合成磁场的方向是自右向左的。

同理可得 $\omega t=60°$ 时三相电流的方向以及三相电流所产生的合成磁场，如图 6.7(b)所示。可见，与 $\omega t=0$ 时相比，磁场沿顺时针的方向旋转了 60°。图 6.7(c)、(d)所示的分别是 $\omega t=120°$ 和 $\omega t=180°$ 时的三相电流的方向和合成磁场的方向。

从图 6.7 可以得出结论：合成磁场的方向随着电流相位的变化而变化。因此，当定子绕组通入三相对称电流时，在其周围空间就会产生旋转磁场。

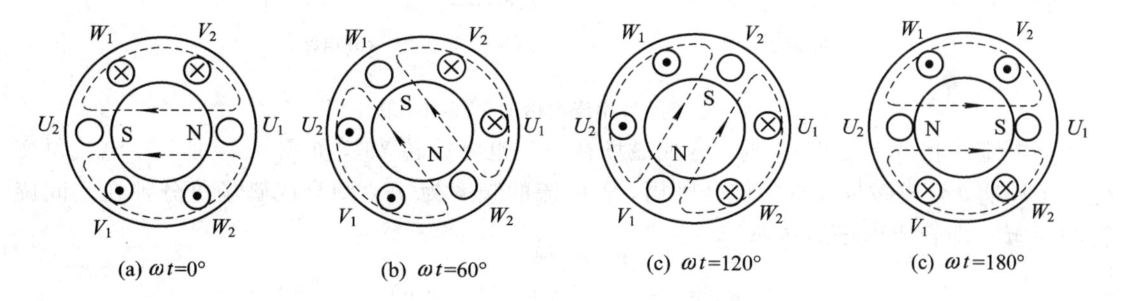

(a) $\omega t=0°$　　(b) $\omega t=60°$　　(c) $\omega t=120°$　　(c) $\omega t=180°$

图 6.7　三相电流产生的旋转磁场

2. 旋转磁场的转向

按图 6.6(a)所示的连接方式，通入定子绕组的三相电流的相序是 $L_1\rightarrow L_2\rightarrow L_3$，若对调任意两根电源进线，如将绕组的 V_1 端与相线 L_3 连接、W_1 端与相线 L_2 连接，如图 6.8(a)所示，则通入定子绕组的三相电流的相序发生了改变，为 $L_1\rightarrow L_3\rightarrow L_2$。用上述方法分析可知，改变相序后三相电流产生的合成磁场的旋转方向变成了逆时针方向，如图 6.8(b)、(c)所示。可见，旋转磁场的转向取决于通入定子电流的相序。

3. 旋转磁场的转速

图 6.6(a)所示定子的每相绕组只含有一个线圈，通入电流后产生的合成磁场只有一对磁极，即磁极对数 $p=1$。当电流变化一个周期时，合成磁场在空间也将旋转一周。设电流的频率为 f_1，即电流每秒钟变化 f_1 次，每分钟变化 $60f_1$ 次，则合成磁场每分钟在空间旋转

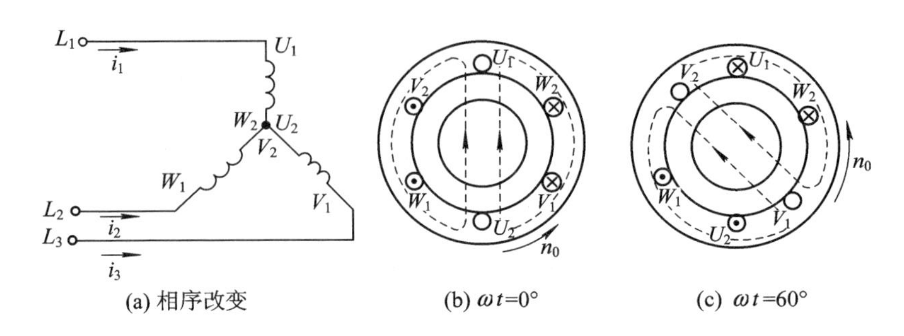

(a) 相序改变　(b) ωt=0°　(c) ωt=60°

图 6.8　旋转磁场改变转向

$60f_1$周，即 $60f_1$转。因此合成磁场的转速为

$$n_0 = 60f_1 \quad (\text{r/min})$$

若定子的每相绕组由两个线圈串联组成，每个绕组的始端之间间隔 60°空间角，如图 6.9 所示，根据电磁感应原理分析可知，合成磁场具有两对磁极，即磁极对数 $p=2$。

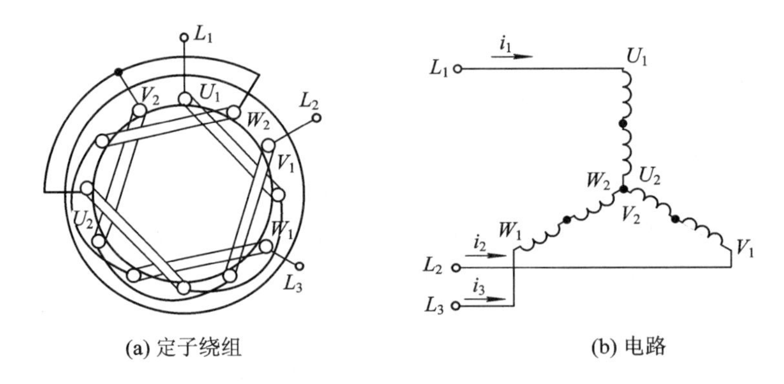

(a) 定子绕组　(b) 电路

图 6.9　定子的每相绕组由两个线圈串联组成

当电流在相位上变化 60°时，合成磁场在空间也将旋转 30°，如图 6.10 所示。电流每变化一个周期，合成磁场在空间旋转半周，若电流的频率为 f_1，则合成磁场每分钟在空间旋转 $30f_1$转。即合成磁场的转速

$$n_0 = \frac{60f_1}{2} = 30f_1 \quad (\text{r/min})$$

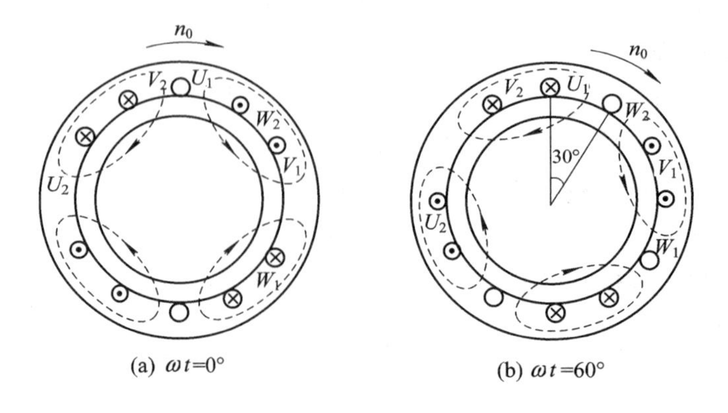

(a) ωt=0°　(b) ωt=60°

图 6.10　合成磁场的磁极对数 $p=2$

通过以上分析可知，旋转磁场的转速与磁场的磁极对数 p 有关。对于电源频率为 f_1、磁极对数为 p 的三相异步电动机，其旋转磁场的转速 n_0 为

$$n_0 = \frac{60f_1}{p} \quad (\text{r/min}) \tag{6.1}$$

我国的工频为 50 Hz，根据式(6.1)可以得出对应不同磁极对数 p 时的旋转磁场的转速，如表 6－1 所示。

表 6－1　$f_1=50$ Hz 时 n_0 与 p 的对应关系

p	1	2	3	4	5
n_0/(r/min)	3000	1500	1000	750	600

4. 三相异步电动机的转动原理

给定子绕组通入三相对称电流，在定子的周围空间就会产生旋转磁场，设某瞬时旋转磁场以转速 n_0 沿顺时针方向旋转，转子绕组取用上、下两根导条表示。旋转磁场沿顺时针旋转，根据相对运动原理，转子相对于定子沿逆时针旋转，上边的导条以水平向左的线速度切割磁力线，在上边的导条中便会产生感应电动势，感应电动势的方向由右手定则确定，为流出纸面。置于磁场中的通电导条必然受到磁场的作用力，作用力的方向由左手定则确定，为水平向右；同理，可判断出下边的导条受到的磁场力的方向为水平向左，如图 6.11 所示。上、下两根导条受到的磁场力大小相等、方向相反，相对于转轴形成了一个电磁转矩 T，其方向与旋转磁场的方向一致。在该电磁转矩的作用下转轴发生旋转，其旋转的方向与旋转磁场的方向一致。

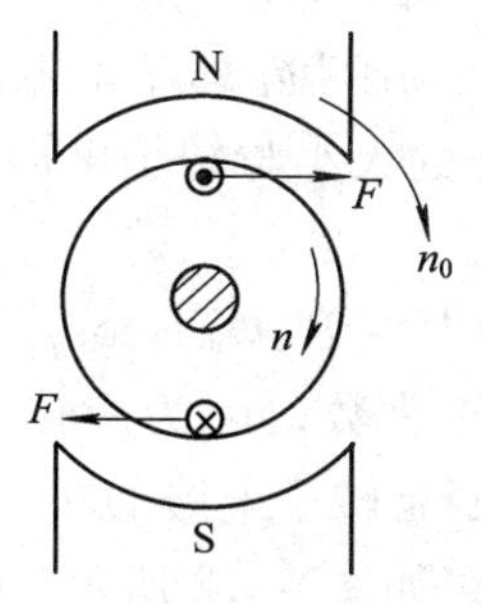

图 6.11　转子转动的原理图

由于转轴的旋转方向与旋转磁场的旋转方向一致，因此，当对调电动机的任意两根电源进线时，旋转磁场的转向发生变化，则电动机的转向也跟着发生变化。

转子的旋转方向与旋转磁场的旋转方向一致，但转子的转速 n 不可能达到与旋转磁场的转速 n_0 相等，这是因为若 $n=n_0$，转子导条与旋转磁场之间就没有了相对运动，转子导条不切割磁力线，也就不会产生感应电动势，也就没有感应电流，因此就不会受到磁场力的作用，没有电磁转矩，转子也不可能旋转。所以，转子转速和旋转磁场的转速之间必须存在差值，不可能同步旋转，因此称这类电动机为异步电动机；旋转磁场的转速又被称为同步转速。

异步电动机的转子转速 n 总小于同步转速 n_0，即 $n<n_0$。为了表示转子转速与同步转速之间相差的程度，用转差率 s 来表示，即

$$s = \frac{n_0 - n}{n_0} \tag{6.2}$$

式(6.2)也可以写为

$$n = (1 - s)n_0 \tag{6.3}$$

转差率是异步电动机的一个重要参数。电动机的转速与同步转速越接近，转差率越小。当电动机起动时，$n=0$，$s=1$，转差率最大；当电动机的额定转速与同步转速相近时，转差率很小，通常为1% ~ 9%。

【例 6.1】 一台三相异步电动机，其额定转速 $n_N = 975$ r/min，电源频率 $f_1 = 50$ Hz。试求电动机的极对数和额定负载下的转差率。

解 电动机的额定转速 $n = 975$ r/min，则其同步转速 $n_0 = 1000$ r/min，因此由

$$n_0 = \frac{60 f_1}{p}$$

得

$$p = \frac{60 f_1}{n_0} = \frac{3000}{1000} = 3$$

$$s_N = \frac{n_0 - n_N}{n_0} = \frac{1000 - 975}{1000} = 0.025 = 2.5\%$$

6.2 三相异步电动机的运行

由三相异步电动机的转动原理可知，异步电动机的电磁转矩是由旋转磁场和转子绕组中的感应电流相互作用而产生的，磁场越强，转子电流越大，则电磁转矩就越大。另外，转子绕组是感性负载，因此，电磁转矩的大小与转子电路的功率因数也有关系。综合以上各种因素，电动机的电磁转矩为

$$T = K_T \boldsymbol{\Phi}_m I_2 \cos\varphi_2 \tag{6.4}$$

式中，K_T是与电动机结构有关的一个常数；$\boldsymbol{\Phi}_m$为旋转磁场的每极磁通，单位为 Wb；I_2是转子电流的有效值，单位为 A；$\cos\varphi_2$是转子电路的功率因数。

三相异步电动机的每相等效电路如图 6.12 所示。电动机的电磁关系与变压器的电磁关系相似，当定子绕组接三相电源(相电压为U_1)时，定子绕组中就会有电流流过(电流为i_1)，定子电流产生旋转磁场，旋转磁场的变化不仅在定子绕组中产生感应电动势e_1，也在转子绕组中产生感应电动势e_2，感应电动势e_2在转子绕组中产生的电流为i_2。另外，$e_{\sigma1}$和$e_{\sigma2}$分别是漏磁通在定子绕组和转子绕组中产生的漏磁感应电动势。

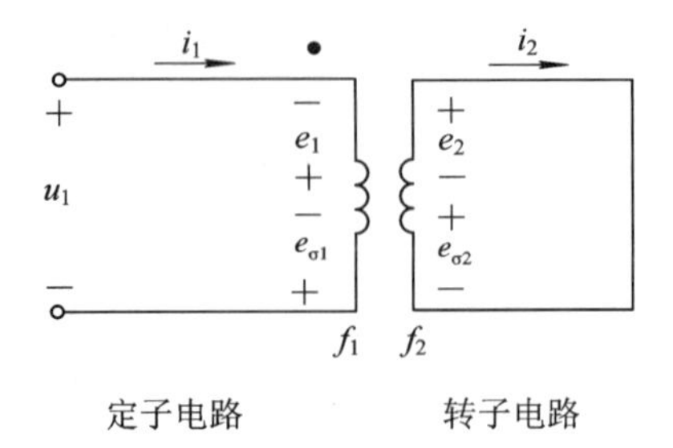

图 6.12 三相异步电动机的每相等效电路

1. 旋转磁场的每极磁通 $\boldsymbol{\Phi}_m$

与变压器类似，每相定子绕组的电压的有效值 U_1 与感应电动势 E_1 存在如下关系：

$$U_1 \approx E_1 = 4.44K_1 f_1 N_1 \boldsymbol{\Phi}_m$$

电动机的每相绕组分布在不同的槽中，其中产生的感应电动势并非同相，因此上式引入一个绕组系数 K_1，K_1 的值小于1但接近1，因此也可以省略；N_1 为定子绕组的匝数；f_1 为电压的频率。

当电源电压 U_1 和频率 f_1 不变时，每极磁通 $\boldsymbol{\Phi}_m$ 近似不变。因此

$$\boldsymbol{\Phi}_m = \frac{E_1}{4.44K_1 f_1 N_1} \approx \frac{U_1}{4.44K_1 f_1 N_1} \tag{6.5}$$

2. 转子感应电流的有效值 I_2

与定子每相绕组产生的感应电动势类似，转子每相绕组产生的感应电动势的有效值为

$$E_2 = 4.44K_2 f_2 N_2 \boldsymbol{\Phi}_m \tag{6.6}$$

转子以 n_0-n 的相对速度切割磁力线而产生感应电动势，根据式(6.1)，可得转子感应电动势的频率为

$$f_2 = \frac{(n_0-n)p}{60} = \frac{n_0-n}{n_1} \times \frac{n_0 p}{60} = sf_1 \tag{6.7}$$

当电动机起动时，$n=0$，$s=1$，此时，转子感应电动势的频率 $f_{20}=f_1$。

将式(6.7)代入式(6.6)得

$$E_2 = 4.44K_2 sf_1 N_2 \boldsymbol{\Phi}_m \tag{6.8}$$

当电动机起动时，$n=0$，$s=1$，转子感应电动势的有效值为

$$E_{20} = 4.44K_2 f_1 N_2 \boldsymbol{\Phi}_m \tag{6.9}$$

由式(6.8)和式(6.9)可得

$$E_2 = sE_{20} \tag{6.10}$$

转子每相绕组的感抗为

$$X_2 = 2\pi f_2 L_{\sigma 2} = 2\pi sf_1 L_{\sigma 2} \tag{6.11}$$

当电动机起动时，$n=0$，$s=1$，转子每相绕组的感抗为

$$X_{20} = 2\pi f_1 L_{\sigma 2} \tag{6.12}$$

由式(6.11)和式(6.12)得

$$X_2 = sX_{20} \tag{6.13}$$

转子感应电流的有效值为

$$I_2 = \frac{E_2}{\sqrt{R_2^2 + X_2^2}} = \frac{sE_{20}}{\sqrt{R_2^2 + (sX_{20})^2}} \tag{6.14}$$

式中，R_2 为转子绕组的电阻。

3. 转子电路的功率因数

转子电路的功率因数为

$$\cos\varphi_2 = \frac{R_2}{\sqrt{R_2^2 + X_2^2}} = \frac{R_2}{\sqrt{R_2^2 + (sX_{20})^2}} \tag{6.15}$$

将式(6.5)、式(6.14)和式(6.15)代入式(6.4)中，整理后可得

$$T = K\frac{sR_2U_1^2}{R_2^2 + (sX_{20})^2} \tag{6.16}$$

式中，K 为常数，大小由电动机本身所决定。

由上式可见，电动机的电磁转矩与电源电压 U_1 的平方成正比，所以，当电源电压变化时，对电动机的电磁转矩影响很大。另外，电磁转矩还与转子电阻 R_2 以及转差率 s 有关。

6.2.1 机械特性曲线

当电压电压 U_1 和转子电阻 R_2 一定时，转矩与转差率的关系曲线 $T=f(s)$ 或转速与转矩的关系曲线 $n=f(T)$ 称为异步电动机的机械特性曲线。$T=f(s)$ 曲线可以根据式(6.16)画出，如图 6.13 所示。将 $T=f(s)$ 曲线沿顺时针转 90°，再将表示 T 的坐标轴向下移动，即可得 $n=f(T)$ 曲线，如图 6.14 所示。

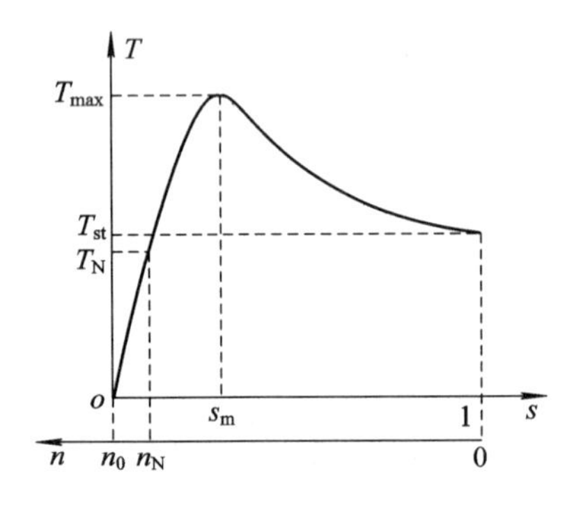

图 6.13　三相异步电动机的 $T=f(s)$ 曲线

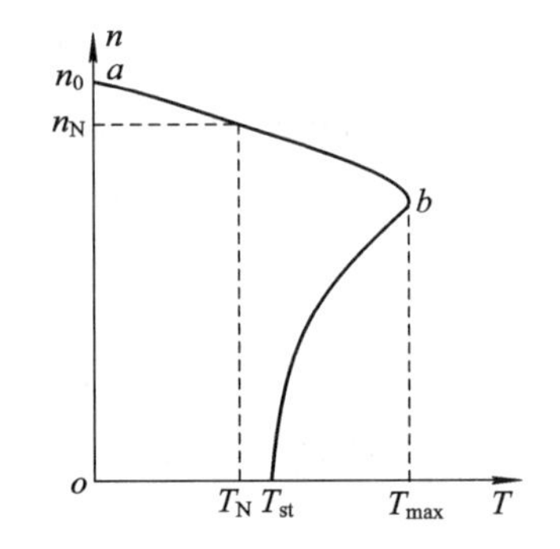

图 6.14　三相异步电动机的 $n=f(T)$ 曲线

6.2.2 三个转矩的计算

机械特性曲线上有三个转矩对于分析三相异步电动机的运行性能非常重要。

1. 额定转矩 T_N

电动机匀速运行时，电动机的电磁转矩 T 与阻转矩 T_c 相等。阻转矩 T_c 包括机械负载转矩 T_2 和空载损耗转矩 T_0。由于空载损耗转矩 T_0 很小，可忽略不计，因此 $T=T_2$，那么

$$T = T_2 = \frac{P_2}{\omega} = \frac{P_2}{\frac{2\pi n}{60}} = 9550\frac{P_2}{n} \tag{6.17}$$

式中，P_2 为电动机轴上输出的机械功率，单位为 kW；n 为电动机的转速，单位为 r/min；T 为电动机的转矩，单位为 N·m。

当电动机额定运行时，其输出功率为额定功率 P_N，转速为额定转速 n_N，转矩为额定转矩 T_N，则有

$$T_N = 9550\frac{P_N}{n_N} \tag{6.18}$$

2. 最大转矩 T_{max}

$T=f(s)$ 曲线中的最高点对应的转矩就是电动机的最大转矩 T_{max}，又称临界转矩。最大转矩对应的转差率称为临界转差率，用 s_m 表示。

令$\frac{\mathrm{d}T}{\mathrm{d}s}=0$，可求得临界转差率

$$s_{\mathrm{m}}=\frac{R_2}{X_{20}} \tag{6.19}$$

由式(6.19)可以看出，临界转差率 s_{m} 与转子电阻 R_2 有关，R_2 越大，s_{m} 越大。转子电阻不同时的机械特性如图 6.15 所示。

将式(6.19)代入式(6.16)可得

$$T_{\max}=K\frac{{U_1}^2}{2X_{20}} \tag{6.20}$$

由式(6.20)可以看出，最大转矩与 U_1^2 成正比，与转子电阻 R_2 无关，与 X_{20} 成反比。电压不同时的机械特性如图 6.16 所示。

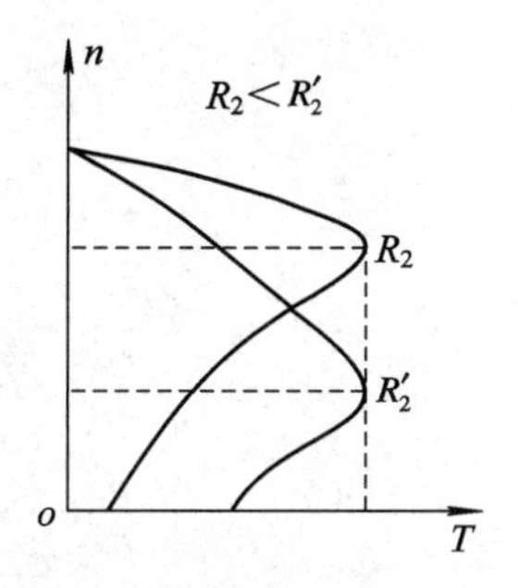

图 6.15　转子电阻不同时的机械特性
(U_1 为常数)

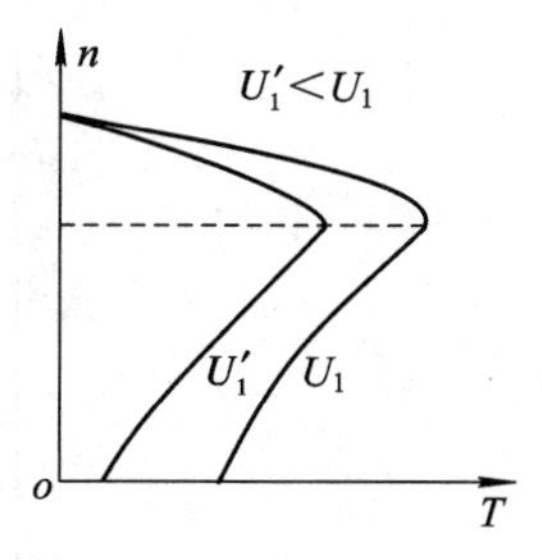

图 6.16　电压不同时的机械特性
(R_2 为常数)

当负载转矩大于电动机的最大转矩时(即称为过载)，电动机就要停转，这时电动机的电流最大，通常是额定电流的 5～7 倍。这么大的电流长时间地通过定子绕组，会使电动机过热，甚至烧毁。但是，如果过载时间短，不至于引起电动机过热，则是允许的。

通常，用最大转矩与额定转矩之比($T_{\max}/T_{\mathrm{N}}$)来反映电动机的短时过载能力，称之为过载系数，用 λ 来表示，即

$$\lambda=\frac{T_{\max}}{T_{\mathrm{N}}} \tag{6.21}$$

一般三相异步电动机的过载系数为 1.8～2.2。

3. 起动转矩 T_{st}

电动机在起动瞬间(即 $n=0$，$s=1$)时的转矩称为起动转矩。将 $s=1$ 带入式(6.16)，可得起动转矩为

$$T_{\mathrm{st}}=K\frac{R_2U_1^2}{R_2^2+X_{20}^2} \tag{6.22}$$

由式(6.22)可知，起动转矩与 U_1^2 成正比，与转子电阻 R_2 有关。当电源电压增大时，起动转矩也会增大，如图 6.16 所示；当适当地增大转子电阻时，起动转矩也会增大，如图 6.15 所示。只有起动转矩大于负载转矩时，电动机才能正常起动，而且起动转矩越大，起动时间越短。

通常，用起动转矩与额定转矩之比($T_{\mathrm{st}}/T_{\mathrm{N}}$)来反映电动机的起动能力，用 K_{st} 来表示，即

$$K_{st} = \frac{T_{st}}{T_N} \tag{6.23}$$

一般的三相异步电动机的起动能力为1.0～2.2。

6.2.3 运行状态分析

三相异步电动机的机械特性反映了电动机的运行性能，但电动机并不是在机械特性曲线中的任意一点都能稳定运行的。

当电动机匀速运行时，必然满足电磁转矩 T 等于阻转矩 T_c，即 $T=T_c$。在电动机的机械特性曲线中作出 $T=T_c$ 的负载线，如图6.17所示，负载线与机械特性曲线有两个交点：a 点和 b 点，即当阻转矩为 T_c 时，电动机有两个工作点。但在这两点电动机不是都能稳定运行的，下面分别讨论电动机在 a、b 两点的运行情况。

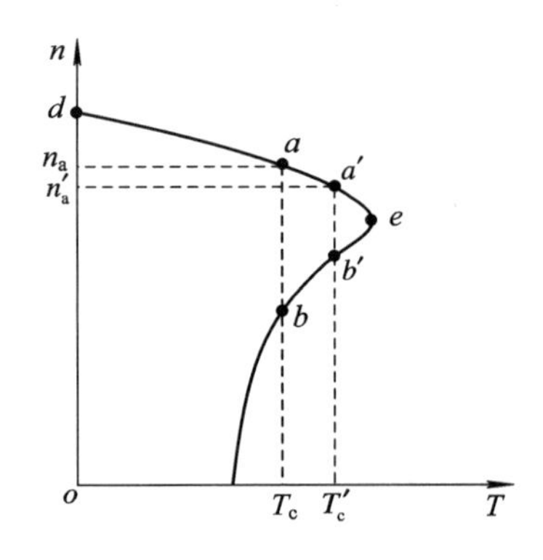

图6.17 三相异步电动机的运行状态

(1) 当工作点在 a 点时，假设电动机以转速 n_a 匀速运行。若负载增大，使阻转矩增大到 T_c'，此时，电动机的电磁转矩小于阻转矩，所以转速下降。从机械特性曲线上可以看出，当转速下降时，工作点下移，对应的电磁转矩增大，当电磁转矩增大到与阻转矩相等时，电动机达到新的平衡，将以转速 n_a' 匀速运行，此时，工作点移到 a' 点。

(2) 当工作点在 b 点时，假设电动机以转速 n_b 匀速运行。若负载增大，使阻转矩增大到 T_c'，此时，电动机的电磁转矩小于阻转矩，所以转速下降。从机械特性曲线上可以看出，当转速下降时，工作点下移，对应的电磁转矩减小，因此，转速继续下降直到停转。

从上面的分析可以看出，电动机在 a 点运行时，若负载变化，电动机的电磁转矩可以随负载的变化而自动调整以达到新的平衡，稳定运行。把电动机的这种自动调整的能力称为自适应负载能力。但当电动机在 b 点运行时，却无法根据负载的变化而自动调整电磁转矩。因此，电动机的常用特性段是(d，e)的区域，在这段区域内电动机能够稳定运行。

6.3 三相异步电动机的使用

为了能正确而有效地使用电动机，除了了解电动机的铭牌和技术数据外，还要掌握电动机的选择、起动、调速、制动等方法。

6.3.1　铭牌和技术数据

电动机的生产厂家规定了每台电动机的正常运行状态和条件，电动机在这样的状态和条件下运行时的性能最佳，这种运行状态被称为电动机的额定运行状态；对应的技术数据被称为额定值。额定值标注在机座上的一块金属铭牌上，了解电动机的铭牌数据是正确使用、维护、检修电动机的必要条件。

下面以 Y132M－4 型电动机为例，说明铭牌上各数据的意义。铭牌上的数据如图 6.18 所示。

三相异步电动机		
型号 Y132M-4	功率 7.5 kW	频率 50 Hz
电压 380 V	电流 15.4 A	接法△
转速 1440 r/min	绝缘等级 B	工作方式 连接.
×年×月	编号	××电机厂

图 6.18　铭牌数据

此外，电动机的主要技术数据还有功率因数和效率等。

1. 型号

为了适应不同用途和不同工作环境的需要，电动机制成了不同的系列，每种系列的型号用不同的字母符号表示，如图 6.19 所示。

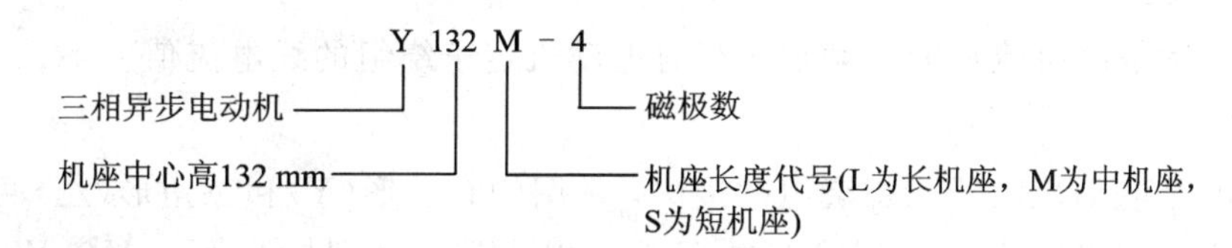

图 6.19　型号

异步电动机的产品名称代号及其汉字意义如表 6－2 所示。

表 6－2　异步电动机产品名称代号

产品名称	新代号	汉字意义	老代号
异步电动机	Y	异	J，JQ
绕线式异步电动机	YR	异绕	JR，JRO
防爆型异步电动机	YB	异爆	JB，JBS
高起动转矩异步电动机	YQ	异起	JQ，JQO

2. 额定功率

铭牌上所标示的是电动机在额定运行时转轴上输出的机械功率。在实际使用中，电动机并不总是运行在额定状态下，如当电动机的实际输出功率小于额定功率时，称为欠载运行；电动机的实际输出功率大于额定功率时，称为过载运行；电动机的实际输出功率等于额定功率时，称为满载运行。电动机长期欠载运行时，效率较低，能量浪费很大；长期过载运行时，可能会由于过载而引起电动机过热甚至损坏；满载运行时，电动机的各项性能可以达到最优，运行可靠。

电动机本身存在功率损耗，如铜损、铁损以及机械损耗等，因此，电动机的输出功率与输入功率不相等。输出功率与输入功率的比值称为电动机的效率，用 η 表示，即

$$\eta = \frac{P_2}{P_1}$$

下面以 Y132M－4 型电动机为例，说明电动机功率的计算方法。假设功率因数为 0.85。

输入功率

$$P_1 = \sqrt{3}U_l I_l \cos\varphi = \sqrt{3} \times 380 \times 15.4 \times 0.85 = 8.6\ \text{kW}$$

输出功率 P_2＝7.5 kW，则效率

$$\eta = \frac{P_2}{P_1} = \frac{7.5}{8.6} \times 100\% = 87\%$$

一般笼型电动机在额定运行时的效率为 72% ～ 93%。通常在额定功率的 75%左右时，其效率最高。

3. 频率

频率指的是电动机所使用的交流电源的频率。

4. 额定电压

铭牌上所标示的电压指的是额定运行时电动机定子绕组上所加的电源的线电压值。一般，加在电动机上的电压不应超出或低于该值的 5%。

5. 额定电流

铭牌上所标示的电流指的是额定运行时电动机定子绕组的线电流值。

6. 接法

接法指的是电动机定子三相绕组的接法，常用的有星形(Y)和三角形(△)两种接法。

三相异步电动机的定子三相绕组共有六个引出端，分别标为 U_1、V_1、W_1、U_2、V_2、W_2，其中 U_1、V_1、W_1 为三相绕组的始端，U_2、V_2、W_2 为三相绕组的末端。这六个引出端是从电动机的接线盒中引出的，因此，对定子三相绕组的连接是在接线盒上完成的。电动机定子绕组的星形和三角形连接分别如图 6.20(a)、(b)所示。

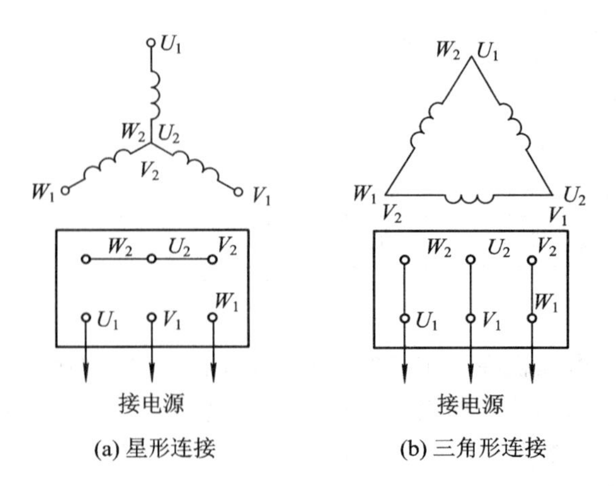

图 6.20 电动机定子绕组的星形和三角形连接

若有些电动机的铭牌标注为：接法——△/Y，电压——220/380 V，电流——67.5/39 A，则表示当电源线电压为 220 V 时，定子绕组为△接法，定子绕组的线电流为 67.5 A；当电源线电压为 380 V 时，定子绕组为 Y 接法，定子绕组的线电流为 39 A。

7. 额定转速

额定转速指的是电动机的定子绕组加额定频率和额定电压后的电动机转速。

8. 绝缘等级

绝缘等级指的是电动机绕组上的绝缘材料的耐热等级。绝缘材料的耐热等级按耐热能力分为 A、E、B、F、H，每个等级的极限温度如表 6-3 所示。

表 6-3　不同绝缘等级的极限温度

绝缘等级	A	E	B	F	H
极限温度/℃	105	120	130	155	180

9. 工作方式

工作方式指的是电动机在规定的工作条件下运行的持续时间或工作周期。通常工作方式分为连续运行、短时运行和断续运行三种，分别用代号 S_1、S_2、S_3 表示。

6.3.2 选择方法

三相异步电动机在生产中被广泛应用，因此，合理地选择电动机的种类、型号、容量和转速等是正确使用电动机的前提条件。

1. 电动机功率的选择

电动机的功率选择是否合理，具有重大的经济意义。如果功率选得过大，虽然能保证正常运行，但是由于电动机大部分时间不能满载工作，其效率、功率因数都不高，因此造成投资和运行费用的浪费，很不经济。因此，要避免这种“大马拉小车”的现象。如果功率选得太小，一方面无法满足生产机械的需求，使生产机械不能正常运行；另一方面，电动机长期强行过载工作，会大大降低电动机的使用寿命。所以，应根据生产机械的功率要求来选择电动机的功率。

1）连续运行的电动机功率的选择

对于连续运行的电动机，可根据下式计算所需功率：

$$P = \frac{P_L}{\eta_1 \eta_2} \tag{6.24}$$

式中，P 为所需电动机的功率；P_L 为生产机械的负载功率；η_1 为生产机械的效率；η_2 为电动机的效率。

根据式(6.24)计算出所需电动机的功率后，在产品目录上就可以选择一台合适的电动机了，而所选电动机应满足

$$P_N \geqslant P \tag{6.25}$$

即所选电动机的额定功率应等于或略大于计算所得的功率。

2）短时运行的电动机功率的选择

短时运行是指电动机的运行时间短、停机时间长，在停机时间内足以使电动机的温升

冷却到环境温度。例如闸门电动机、机床中的尾座和横梁移动电动机都是短时运行电动机。有专为短时运行而设计生产的电动机，因此，在条件许可时，应尽量选用短时工作定额的电动机。若条件不允许，也可选用连续运行电动机，在不超过温升限值的情况下，可以允许过载。工作时间越短，允许的过载量就越大，但过载量必须小于电动机的最大转矩。

3）断续运行的电动机功率的选择

断续运行是指运行与停机交替进行，工作时间短，未达到稳定温升就停机，且停机时间又不长，温升未冷却到环境温度又开始运行，这种工作方式又称为重复短时工作制。断续运行的电动机功率的选择，要根据负载持续率的大小选用专门用于断续运行方式的电动机，如JZR、JZ系列交流异步电动机。

2. 电动机种类的选择

电动机种类的选择主要应考虑机械特性、调速、起动、维护以及价格等因素。

笼型异步电动机结构简单、性能优良、价格便宜、维护方便，因此在无特殊调速要求时都可以选用。但当要求起动转矩大、起动频繁，又有一定调速要求时，应选用绕线式异步电动机。

对有特殊要求的场合，应选用特殊结构的电动机。如小型卷扬机应选用锥型转子制动电动机。

3. 电动机结构形式的选择

电动机的结构形式应根据工作环境的特点来选择，主要注意以下几点：

(1) 在一般生产环境的室内，可采用防护式电动机；在能保证人身和设备安全的条件下，也可采用无防护式电动机；当使用地点可能有水滴落下、飞溅时，应采用防滴、防溅式电动机。

(2) 在湿热带地区，应尽量采用湿热带型电动机；若采用普通型电动机，应采取适当的防潮措施。

(3) 在空气中经常含有较多粉尘的地点，应采用防尘型电动机；若为导电性粉尘，应采用尘密型电动机。

(4) 在空气中经常含有腐蚀性气体或游离物的地点，应尽量采用化工用的防腐型电动机或管道通风冷却式电动机。

(5) 露天场所宜采用室外型电动机；如果采取防止雨淋、日晒的措施，也可采用防尘型电动机。

(6) 在有爆炸性气体的场合，如矿井，应采用防爆型电动机。

4. 电动机电压的选择

Y系列的笼型电动机的额定电压只有380 V一个等级，只有大功率的异步电动机才采用3000 V和6000 V。

5. 电动机转速的选择

电动机的额定转速是根据所拖动的生产机械的转速来选择的。采用联轴器直接传动的电动机，其额定转速应等于生产机械的转速；采用皮带传动的电动机，其额定转速不应与生产机械的额定转速相差太多，其变速比一般不宜大于3。

转速不宜选得太低，一般应不低于500 r/min。因为功率一定时，转速越低，级数越多，电动机的体积就越大，价格就越高。异步电动机通常采用 4 个极的，即同步转速 $n_0=1500$ r/min。

总之，电动机的选择应综合考虑投资成本、效率、功率因数、运行维护费用等方面，尽量选用可靠性高、互换性好、维护方便的电动机。

6.4 起动方法

电动机在起动瞬间，转速 $n=0$，转差率 $s=1$，转子与旋转磁场的相对转速最大，转子电路中的感应电流达到最大值，定子电流此时也最大，通常是额定电流的 4～7 倍。由于起动时间较短，这样大的起动电流不至于引起电动机的过热，但是会增大输电线路的电压降，影响同一电网其他负载的正常工作，例如使邻近的电动机转矩下降、转速减小甚至停转。

电动机起动时，虽然转子电流很大，但转子电路的功率因数很小，所以起动转矩不大，通常是额定转矩的 1.0～2.2 倍。

实际的生产机械对电动机起动的要求是：起动电流小，起动转矩大，起动时间短。所以应采取合适的起动方法以改善电动机的起动性能。

1. 直接起动

直接起动又称为全电压起动，指的是利用闸刀开关或接触器直接将满足电动机额定电压的电源接到定子的绕组上。这种起动方法的线路和操作都很简单，而且起动转矩较大，但是起动电流也大，因此，对于一台电动机能否直接起动是有一定的规定的。有的地区规定：用户有独立的变压器，电动机不频繁起动时，若电动机的功率小于变压器容量的 30%，则允许直接起动；用户有独立的变压器，电动机频繁起动时，若电动机的功率小于变压器容量的 20%，则允许直接起动；用户没有独立的变压器(与照明公用)，若电动机直接起动时所产生的压降不超过其额定电压的 5%，则允许直接起动。

2. 降压起动

降压起动指的是借助起动设备将电源电压适当降低后加到定子绕组上进行起动，待电动机转速升高到接近稳定时再将电压恢复到额定值，转入正常运行。这样可以降低起动电流，但是电压的降低又会使起动转矩减小，因此，降压起动只适应于轻载或空载起动的场合。

笼型电动机常用的降压起动方法有 Y-△换接起动和自耦降压起动。

1) *Y-△换接起动*

Y-△换接起动只适用于定子绕组为△形连接的电动机。起动时将定子绕组接成 Y 形，即降压起动；待转速上升到接近稳定时再换接成△形，即全压运行。定子绕组的两种接法如图 6.21 所示。

设定子每相绕组的等效阻抗为 Z，电源的线电压为 U_1，从图 6.21 中可以看出，定子绕组接成 Y 形时，定子每相绕组上的电压为$\dfrac{U_1}{\sqrt{3}}$。

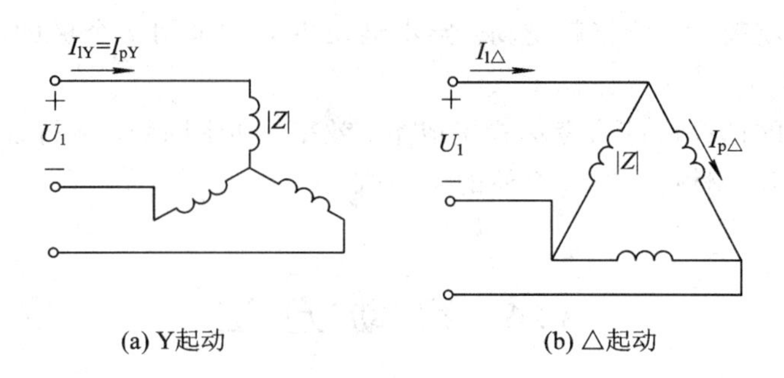

图 6.21 Y-△换接起动定子绕组的两种接法

当定子绕组接成 Y 形(即降压起动)时，有

$$I_{lY}=I_{pY}=\frac{\frac{U_1}{\sqrt{3}}}{|Z|}=\frac{U_1}{\sqrt{3}\,|Z|} \tag{6.26}$$

当定子绕组接成△形(即直接起动)时，有

$$I_{l\triangle}=\sqrt{3}I_{p\triangle}=\sqrt{3}\,\frac{U_1}{|Z|}=\sqrt{3}\,\frac{U_1}{|Z|} \tag{6.27}$$

则

$$\frac{I_{lY}}{I_{l\triangle}}=\frac{\frac{U_1}{\sqrt{3}\,|Z|}}{\sqrt{3}\,\frac{U_1}{|Z|}}=\frac{1}{3} \tag{6.28}$$

可见，Y-△换接起动时的起动电流是直接起动时的起动电流的$\frac{1}{3}$。

Y-△换接起动时，定子每相绕组上的电压是直接起动时电压的$\frac{1}{\sqrt{3}}$，由于电动机的电磁转矩与电压的平方成正比，因此，Y-△换接起动时的起动转矩是直接起动时的起动转矩的$\frac{1}{3}$，即

$$\frac{T_{stY}}{T_{st\triangle}}=\frac{1}{3} \tag{6.29}$$

Y-△换接起动有效地减小了起动电流，但也牺牲了起动转矩，因此，这种起动方法只适用于轻载或空载起动的场合。

2) 自耦降压起动

当电动机的定子绕组是 Y 形连接时，不能采用 Y-△换接起动，可以采用自耦降压起动。

自耦降压起动就是利用自耦变压器将起动电压降低，以达到减小起动电流的目的。其接线图如图 6.22 所示。起动时，把开关 Q_2 合到“起动”位置上，自耦变压器被接入电路，电源从自耦变压器的一次侧输入，自耦变压器的二次侧接定子绕组，定子绕组上得到的电压小于电源电压，即起动电压降低了，则起动电流也减小了。待电动机的转速逐渐升高到接近于稳定转速时，将开关 Q_2 合到“工作”位置上，自耦变压器被切除，电源被直接接在定子绕组上，则电动机全压运行。

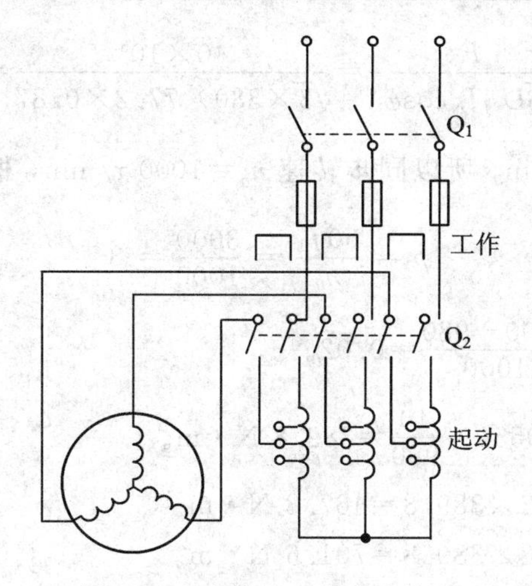

图 6.22　自耦降压起动接线图

起动用的自耦变压器专用设备称为起动补偿器。它通常备有几个抽头，以便得到不同的输出电压供用户选择。

自耦降压起动不仅减小了起动电流，同时也减小了起动转矩。

绕线式电动机起动时，可以在转子回路中串入适当的起动电阻，如图 6.23 所示。电动机起动后，随着转速的上升，逐级将起动电阻切除。这种起动方法既可以减小起动电流，又可以增大起动转矩。因此，在要求起动转矩较大的生产机械上，常采用绕线式电动机。

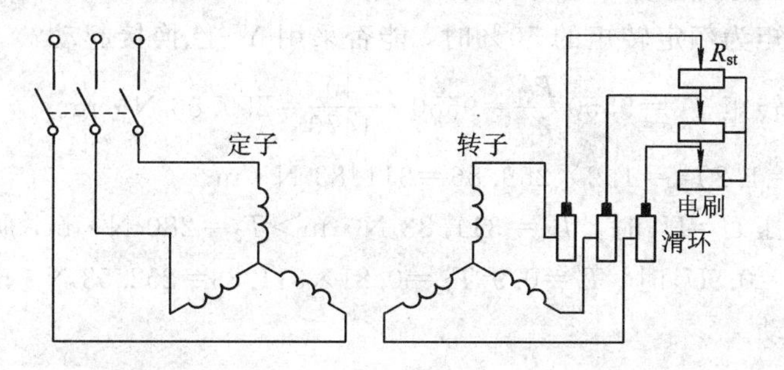

图 6.23　绕线式电动机转子串入电阻起动

【例 6.2】 某三相异步电动机的技术数据如表 6－4 所示。求：

(1) 电动机的效率 η_N。

(2) 磁极对数 p。

(3) 转差率 s_N。

(4) 额定转矩 T_N。

(5) 起动转矩 T_{st}。

(6) 最大转矩 T_m。

(7) 起动电流 I_{st}。

表 6－4　例 6.2 的技术数据

P_N/kW	U_N/kV	I_N/A	n_N/r·min^{-1}	I_{st}/I_N	T_{st}/T_N	T_m/T_N	$\cos\varphi_N$	f_N/Hz
40	380	77.2	980	6.5	1.2	1.8	0.87	50

解　(1)　$\eta_N=\frac{P_N}{P_1}=\frac{P_N}{\sqrt{3}U_N I_N\cos\varphi_N}=\frac{40\times10^3}{\sqrt{3}\times380\times77.2\times0.87}=90.5\%$。

(2) 因为 $n_N=980$ r/min，所以同步转速 $n_0=1000$ r/min，根据 $n_0=\frac{60f_1}{p}$得

$$p=\frac{60f_1}{n_0}=\frac{3000}{1000}=3$$

(3)　$s_N=\frac{n_0-n_N}{n_0}=\frac{1000-980}{1000}=0.02$。

(4)　$T_N=9550\frac{P_N}{n_N}=9550\times\frac{40}{980}=389.8\ \text{N}\cdot\text{m}$。

(5)　$T_{st}=1.2T_N=1.2\times389.8=467.8\ \text{N}\cdot\text{m}$。

(6)　$T_m=1.8T_N=1.8\times389.8=701.6\ \text{N}\cdot\text{m}$。

(7)　$I_{st}=6.5I_N=6.5\times77.2=501.8$ A。

【例 6.3】　某 4 极三相异步电动机的技术数据如下：$P_N=40$ kW，$n_N=1470$ r/min，$T_{st}/T_N=1.2$。求：

(1) 起动转矩 T_{st}。

(2) 若负载转矩为 280 N·m，在电源电压$U=U_N$和$U=0.9U_N$两种情况下电动机能否起动?

(3) 采用 Y -△换接起动时的起动转矩 T_{stY}。

(4) 当负载转矩为额定转矩的 50%时，能否采用 Y -△换接起动?

解　(1) 额定转矩 $T_N=9550\frac{P_N}{n_N}=9550\times\frac{40}{1470}=259.86\ \text{N}\cdot\text{m}$。

起动转矩 $T_{st}=1.2T_N=1.2\times259.86=311.83\ \text{N}\cdot\text{m}$。

(2) 当电源电压$U=U_N$时，$T_{st}=311.83\ \text{N}\cdot\text{m}>T_2=280\ \text{N}\cdot\text{m}$，所以电动机能起动。

当电源电压$U=0.9U_N$时，$T_{st}'=0.9^2T_{st}=0.81\times311.83=252.58\ \text{N}\cdot\text{m}<T_2=280\ \text{N}\cdot\text{m}$，所以电动机不能起动。

(3) $T_{stY}=\frac{1}{3}T_{st}=\frac{1}{3}\times311.83=103.94\ \text{N}\cdot\text{m}$。

(4) 当负载转矩为额定转矩的 50%时，即 $T_2'=50\%T_N=0.5\times259.86=129.93\ \text{N}\cdot\text{m}$，$T_{stY}=103.94\ \text{N}\cdot\text{m}<T_2'=129.93\ \text{N}\cdot\text{m}$，所以不能采用 Y -△换接起动。

6.5　调 速 方 法

生产过程中往往需要生产机械以不同的速度运行，因此，需要人为地改变电动机的转速来满足不同生产机械的需要，这一过程称为电动机的调速。

由异步电动机的转速公式

$$n=(1-s)n_0=(1-s)\frac{60f_1}{p}$$

可知，异步电动机的转速与电源频率、转差率、极对数有关，因此，异步电动机的调速可以通过改变电源频率(变频)、改变转差率(变转差率)、改变磁极对数(变极对数)来实现。

1. 变频调速

变频调速是借助变频装置改变电源的频率，以达到调速的目的。变频调速的调速范围大，平滑性好，可实现无级调速。

变频调速可以实现两种方式的调速，即恒转矩调速和恒功率调速。

1）恒转矩调速

当需要将转速调低，即使 $n<n_N$ 时，则要求 $f_1<f_N$，这时应保持 $\frac{U_1}{f_1}$ 不变。这是因为根据式 $U_1\approx4.44f_1N_1\boldsymbol{\Phi}_m$ 可知，若保持 $U_1=U_N$ 不变，则频率 f_1 减小时，最大磁通 $\boldsymbol{\Phi}_m$ 就会增大，这会使磁路达到饱和，增加励磁电流和铁损，使电动机过热。

若保持 $\frac{U_1}{f_1}$ 不变，则最大磁通 $\boldsymbol{\Phi}_m$ 不变，根据 $T=K_T\boldsymbol{\Phi}I_2\cos\varphi_2$ 可知，转矩 T 也近似不变，因此为恒转矩调速。

2）恒功率调速

当需要将转速调高，即使 $n>n_N$ 时，则要求 $f_1>f_N$，这时应保持 $U_1=U_N$ 不变。若仍保持 $\frac{U_1}{f_1}$ 不变，则当 $f_1>f_N$ 时，U_1 将大于额定电压 U_N，这是不允许的。

当 f_1 增大时，转速增大，由于 $U_1=U_N$ 不变，所以最大磁通 $\boldsymbol{\Phi}_m$ 减小，则转矩 T 减小，因此功率近似不变，所以为恒功率调速。

目前，应用较多的变频器是晶闸管交—交变频器和交—直—交变频器。

交—交变频器是把某一频率和固定电压的三相交流电经变频器变换为电压和频率均可调的三相交流电，也称其为直接变频器。图 6.24 所示为交—交变频器调速的原理图。

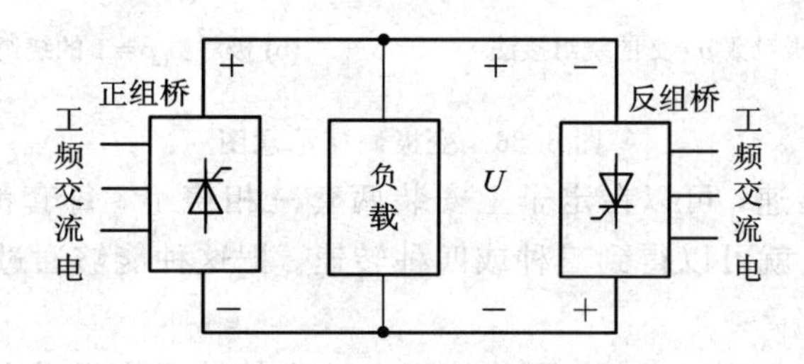

图 6.24　交—交变频器调速原理图

交—直—交变频器主要由整流电路和逆变电路两部分组成。首先经过整流电路将某一频率和固定电压的三相交流电整流成幅值可调的直流电，然后经逆变器将此直流电逆变成频率和幅值均可调节的三相交流电，也称其为间接变频器。图 6.25 所示为交—直—交变频器调速的原理图。

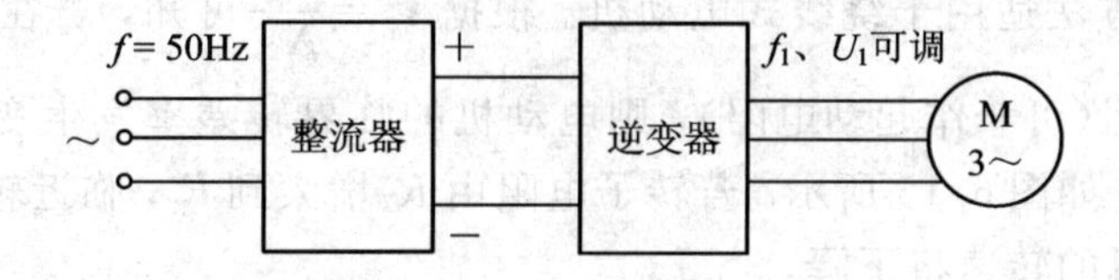

图 6.25　交—直—交变频器调速原理图

2. 变极对数调速

变极对数调速是指通过改变定子绕组的连接方式，从而改变旋转磁场的磁极对数来实现电动机调速的。

假设电动机的每相绕组由两个线圈组成，当这两个线圈采用不同的连接方法时，旋转磁场的极对数将不同。以U相绕组为例，设U相绕组由两个线圈$U_{11}U_{21}$和$U_{12}U_{22}$组成，图6.26(a)所示为$U_{11}U_{21}$和$U_{12}U_{22}$串联组成U相绕组，此时旋转磁场的极对数$p=2$；图6.26(b)所示的为$U_{11}U_{21}$和$U_{12}U_{22}$并联组成U相绕组，则旋转磁场的极对数$p=1$。可见，可以通过这两个线圈的不同连接得到不同的磁极对数，从而改变电动机的转速。

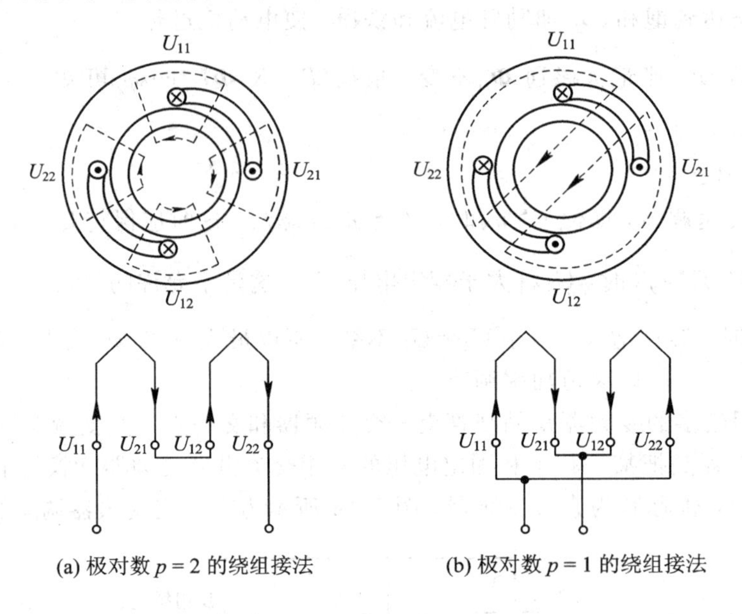

图 6.26　变极调速示意图

为了得到更多的转速，可以在定子上安装两套三相绕组，每套都可以改变磁极对数，采用适当的连接方式，就可以得到三种或四种转速。把这种能够通过改变极对数调速的电动机称为多速电动机。

变极调速只适用于笼型电动机，因为笼型电动机的转子绕组没有确定的极数，其极数完全取决于定子绕组的极数，通过改变定子绕组的接法就可实现变极。而绕线式电动机要想实现变极就需要定子、转子同时换接，显然麻烦得多。

变极调速只能实现有级调速，但这种调速方法简单、经济。

3. 变转差率调速

变转差率调速方法适用于绕线式电动机。根据$s_m=\frac{R_2}{X_{20}}$可知，若在绕线式电动机的转子回路串入调速电阻(可兼作起动电阻)，则电动机的临界转差率发生变化，电动机的机械特性被人为地改变，如图6.15所示。若转子电阻由R_2增大到R_2'，临近转差率增大，当负载转矩不变时，电动机的转速将下降。

变转差率调速方法设备简单、投资少，但功率损耗大，在起重设备中应用较多。

6.6 制动方法

电动机在切断电源后，由于惯性，往往会继续旋转一段时间后才能停下来。而在实际的生产过程中，为了提高生产效率和安全性，需要电动机能迅速停止。为此，需要一个与电动机转向相反的转矩使电动机迅速停转，这就是电动机的制动。电动机的制动方法有机械制动和电气制动两类，这里主要介绍电气制动。常用的电气制动的方法有能耗制动、反接制动和发电反馈制动。

1. 能耗制动

能耗制动的方法是在电动机切断三相电源时，给定子的其中两相绕组接通直流电源，如图 6.27 所示。直流电流产生固定的磁场，此时转子仍按原方向转动，则转子导条切割磁力线，根据右手定则和左手定则可确定出转子电流与固定磁场相互作用产生的电磁转矩与转子的转动方向相反，是制动转矩。在此制动转矩的作用下，电动机迅速停转。制动转矩的大小与直流电流的大小有关。电动机停转后，转子不再切割磁力线，制动转矩消失。

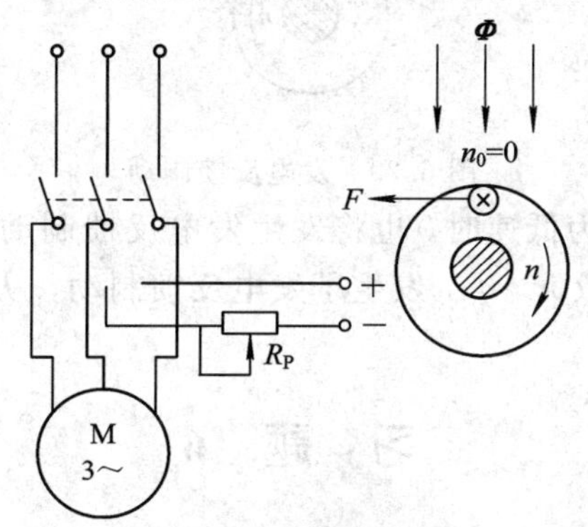

图 6.27　能耗制动

这种制动的方法是通过消耗转子的动能(转换为电能)来实现的，因此称之为能耗制动。

2. 反接制动

反接制动是在电动机切断电源时，改变电源的相序，重新将电源接入定子绕组，此时，旋转磁场的转向与转子的转向相反，转子电流与旋转磁场相互作用产生制动转矩，如图 6.28 所示。当转速接近零时，利用某种控制电器将电源切除，否则电动机将会反转。

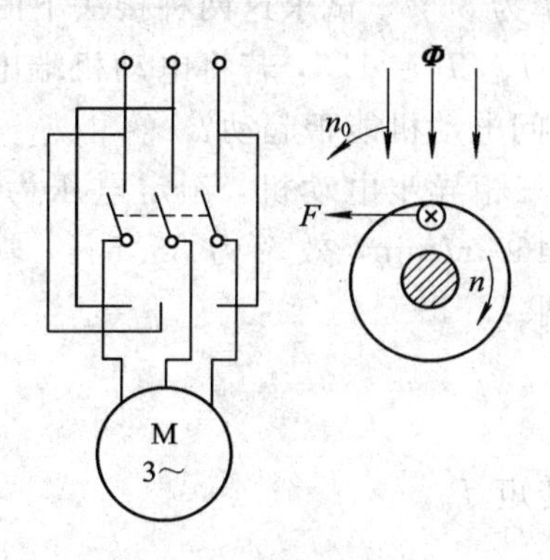

图 6.28　反接制动

在反接制动时，转子与旋转磁场的相对转速 $n+n_0$ 很大，因此定子电流很大，所以在功率较大的电动机利用此法进行制动时必须在定子回路(笼型)或转子回路(绕线式)中串接适当的限流电阻。

反接制动比较简单，效果较好，但能量消耗较大。在中型车床和铣床的主轴制动中常采用此种方法。

3. 发电反馈制动

发电反馈制动指的是当电动机的转子在外界机械力的作用下使其转速 n 大于同步转速 n_0 时的制动。例如，当起重机快速下放重物时，由于转子转速 $n>n_0$，转子受到制动转矩的作用，从而使重物等速下降。实际上此时的电动机已经进入发电状态，将重物的位能转换为电能反馈到电网中，因此称为发电反馈制动，如图 6.29 所示。

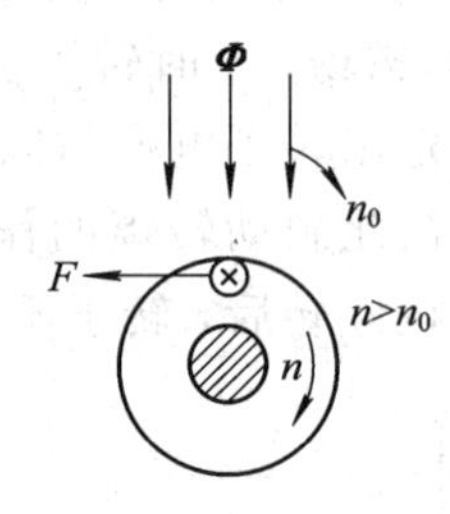

图 6.29　发电反馈制动

当多速电动机从高速调为低速时，也将发生发电反馈制动。因为将极对数加倍时，旋转磁场的转速迅速下降，导致 $n>n_0$，发生了发电反馈制动，从而使电动机转速迅速下降。

习　题　6

6-1　已知电源频率为 $f_1=50$ Hz，转差率 $s_N=0.02$，求 $p=3$ 及 $p=4$ 的三相异步电动机的同步转速 n_0 及额定转速 n_N。

6-2　已知某三相异步电动机的电源频率为 50 Hz，额定转速为 720 r/min，求电动机的磁极对数 p 及额定转差率 s_N。

6-3　一台三相异步电动机的额定功率为 10 kW，接法为 Y/△，额定电压为 220 V/380 V，功率因数为 0.85，效率为 85%。试求这两种接法下的线电流。

6-4　某三相异步电动机 $T_{st}/T_N=1.3$，若将电动机端电压降低 20%，并且起动时轴上的负载转矩 $T_L=0.5T_N$，试问电动机能否起动?

6-5　已知 Y160L-4 型三相异步电动机，额定电压为 380 V，频率为 50 Hz，额定功率为 15 kW，额定转速为 1460 r/min，效率为 88.5%，功率因数为 0.85，$I_{st}/I_N=7$，$T_{st}/T_N=2.2$，$T_m/T_N=2.2$。求：

(1) 额定转差率 s_N。

(2) 额定转矩 T_N。

(3) 起动转矩 T_{st} 和最大转矩 T_m。

(4) 起动电流 I_{st}。

6-6 某三相异步电动机的技术数据如表6-5所示。求：

(1) 磁极对数 p。

(2) 额定转差率 s_N。

(3) 额定转矩 T_N、最大转矩 T_m 和起动转矩 T_{st}。

(4) 电动机的效率。

(5) 起动电流 I_{st}。

表6-5 习题6-6技术数据

P_N/kW	U_N/kV	I_N/A	n_N/r·min^{-1}	I_{st}/I_N	T_{st}/T_N	T_m/T_N	$\cos\varphi_N$
7	380	14.1	1440	6.5	1.5	2	0.87

6-7 已知Y160L-6的三相异步电动机，其技术数据如表6-6所示。求：

(1) 同步转速 n_0。

(2) 额定转差率 s_N。

(3) 额定转矩 T_N、最大转矩 T_m 和起动转矩 T_{st}。

(4) 电动机的效率。

(5) 额定电流 I_N 和起动电流 I_{st}。

表6-6 习题6-7技术数据

P_N/kW	U_N/kV	n_N/r·min^{-1}	η_N	I_{st}/I_N	T_{st}/T_N	T_m/T_N	$\cos\varphi_N$
11	380	970	87%	6.5	2.0	2.0	0.78

6-8 某三相异步电动机的额定功率为30 kW，额定电压为380 V，额定电流为57.5 A，额定转速为1470 r/min，采用三角形接法，额定频率为50 Hz，额定效率为90%，$T_{st}/T_N=1.2$，$I_{st}/I_N=7$。

(1) 求电动机额定运行时的功率因数和输出转矩。

(2) 当电源电压 $U=90\%U_N$ 时，若负载转矩为额定转矩的60%，电动机能否起动？

(3) 求采用Y-△换接起动时的起动电流和起动转矩。当负载转矩为额定转矩的70%时，能否采用Y-△换接起动？

第7章 电气自动控制

在生产中，生产机械(如机床)一般都是由电动机驱动的。要对生产机械进行控制，比如实现起动，前、后移动，停止，顺序运行等，往往是通过对电动机的控制来实现的。目前，多采用按钮、开关、接触器、继电器等控制电器来实现对电动机的控制，我们称之为继电接触器控制系统。

7.1 常用控制电器

7.1.1 按钮

在电路中，按钮的作用是接通或断开电路的。按钮的实物图如图7.1所示。

图7.1 按钮实物图

按钮的文字符号用SB表示，常用按钮有三种：动合按钮、动断按扭和双联按钮，如图7.2所示。

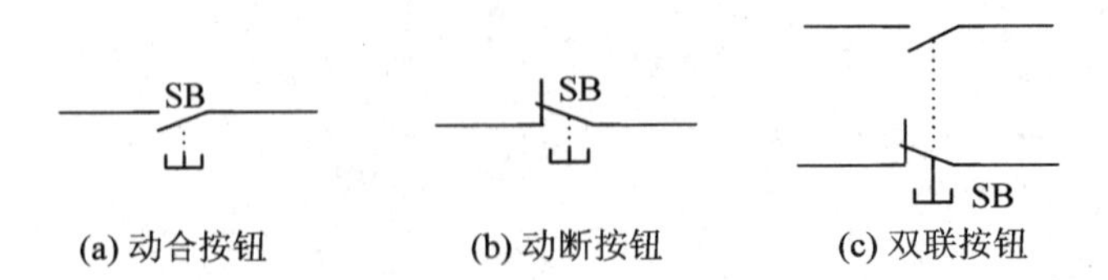

图7.2 按钮的电路符号

1. 动合按钮

动合按钮也称为常开按钮。当按下动合按钮时，按钮的状态由自然的断开状态转为闭合状态，从而接通了按钮所在的支路；当松开动合按钮时，按钮恢复原状态，即断开状态，从而断开了按钮所在的支路。动合按钮的电路符号如图7.2(a)所示。

2. 动断按钮

动断按钮也称为常闭按钮。当按下动断按钮时，按钮的状态由自然的闭合状态转为断开状态，从而断开了按钮所在的支路；当松开动断按钮时，按钮恢复原来状态，即闭合状态，从而接通了按钮所在的支路。动断按钮的电路符号如图 7.2(b)所示。

3. 双联按钮

双联按钮也称为复合按钮，其内部实际上是由一个动合按钮和一个动断按钮组成的，这两个按钮分别接在两条支路中，可以分别控制两条支路的通与断。在对双联按钮操作时，动断按钮的状态先变化，即由自然的闭合状态转为断开状态，从而将此按钮所在的支路断开；然后动合按钮的状态才变化，即由自然的断开状态转为闭合状态，从而将此按钮所在的支路接通。双联按钮的电路符号如图 7.2(c)所示。

7.1.2 刀开关

在电路中，刀开关的作用是接通或断开电源的。刀开关的实物图如图 7.3 所示。

刀开关与电源相连接，通常用于隔离电源，也可用作直接起动电动机的电源开关。刀开关由瓷座、刀片、刀座及胶木盖等组成。

刀开关的文字符号用 Q 表示。刀开关的电路符号如图 7.4 所示。

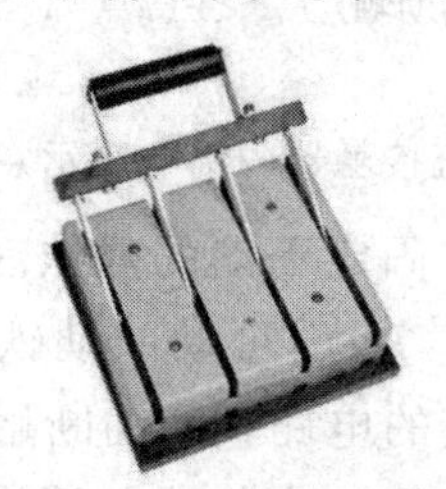

图 7.3　刀开关实物图

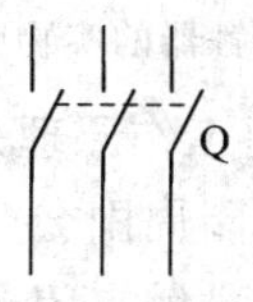

图 7.4　刀开关的电路符号

目前，在很多场合，常用断路器取代刀开关。断路器兼有刀开关和熔断器的作用，在电路中具有一定的保护功能。

7.1.3 熔断器

熔断器也称为保险丝，在电路中起短路保护的作用。熔断器的实物图如图 7.5 所示。

熔断器内部的熔丝是由电阻率较高的易熔合金组成的，一般情况下，通过正常范围的电流时，熔丝是不会熔断的；但当电路中的电流异常升高到一定值和产生一定热度的时候，熔丝将熔断而切断电流，从而起到保护电路安全运行的目的。

熔断器的文字符号用 FU 表示。熔断器的电路符号如图 7.6 所示。

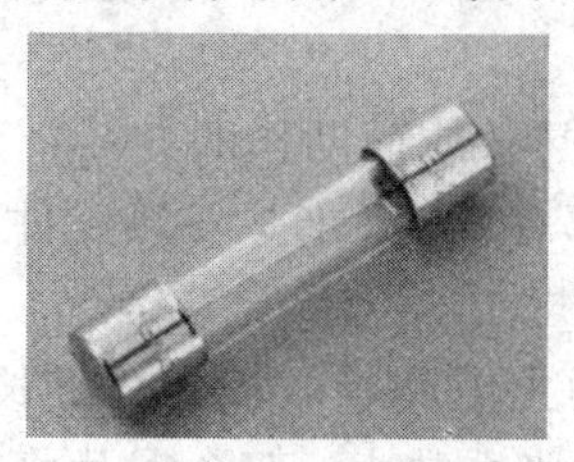

图 7.5　熔断器实物图

图 7.6　熔断器电路符号

7.1.4 交流接触器

交流接触器是继电接触器控制系统中常用的控制电器，它的作用是接通或断开电动机的主电路的。交流接触器的实物图如图 7.7 所示。交流接触器的内部有多个触点，它是利用电磁铁的吸引力而使触点动作从而接通或断开电路的。

交流接触器的内部主要由触点、线圈、铁芯等组成，如图 7.8 所示。触点分为主触点和辅助触点两类。主触点中可以通过较大的电流，因此一般接在主电路中，与电动机相连接；辅助触点又分为动合触点和动断触点两类，辅助触点允许通过的电流较小，因此一般接在控制回路中。

图 7.7 交流接触器的实物图

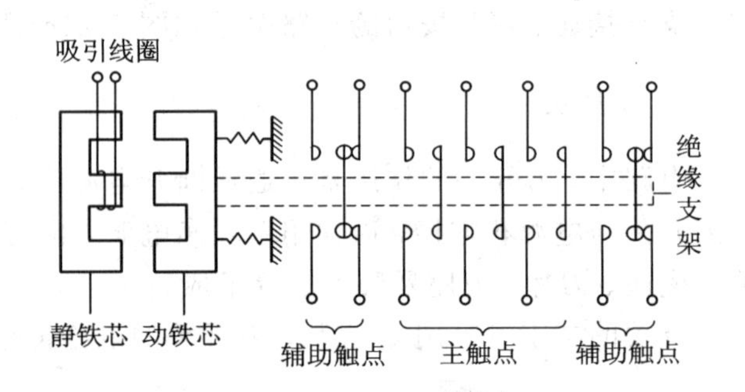

图 7.8 交流接触器内部构造示意图

交流接触器的工作原理是：交流接触器的线圈缠绕在固定不动的静铁芯上，当线圈中通有电流时，在线圈周围会产生磁场，在电磁力的作用下，吸引可动的动铁芯向静铁芯的方向移动，这将使主触点闭合，从而接通与主触点相连接的电路；使动断触点断开，从而断开与动断触点相连接的电路；使动合触点闭合，从而接通与动合触点相连接的电路，这样就改变了电路的通断状态。当线圈断电后，电磁力消失，动铁芯在弹簧的作用下复位，各触点也恢复到原来的状态。

交流接触器的文字符号用 KM 表示。交流接触器的电路符号如图 7.9 所示。

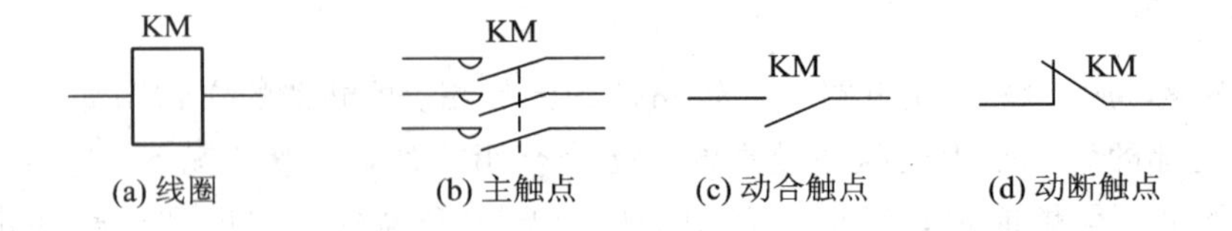

图 7.9 交流接触器的电路符号

7.1.5 热继电器

热继电器用于电动机的过载保护，它是利用电流的热效应而动作的。

热继电器的实物图如图 7.10 所示。热继电器的内部有发热元件，发热元件是由两个热膨胀系数不同的金属片组成的。

热继电器的工作原理是：将发热元件接入电动机的主电路中，若电动机长时间过载，使得电流超过允许值时，由于双金属片的下层金属的膨胀系数大，双金属片将被加热而向上弯曲，从而将热继电器内部的动断触点断开，间接地断开了电动机的主电路，保护电动机不会因为过热而烧毁。只要双金属片冷却，断开的动断触点将会自动恢复原位。由于热惯性，温度的冷却需要一段时间。生产中，为了提高生产效率，也可以手动按下复位按钮。热继电器内部结构示意图如图 7.11 所示。

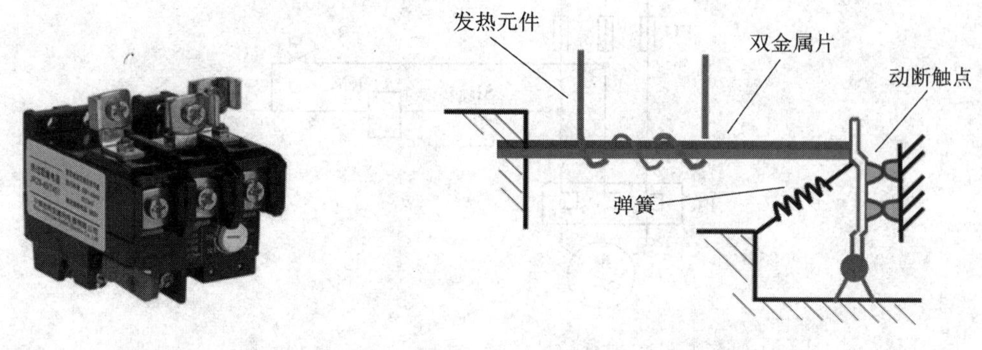

图 7.10　热继电器的实物图　　图 7.11　热继电器内部结构示意图

需要注意的是，一方面，温度上升是需要一段时间的，只有温度升高到一定的程度时，双金属片才能弯曲，因此电动机不会因为短时过载而停转；另一方面，由于双金属片不能对电路中的短时、大电流作出响应，因此热继电器只能作过载保护，而不能作短路保护。

热继电器的文字符号用 FR 表示。热继电器的电路符号如图 7.12 所示。

图 7.12　热继电器的电路符号

7.2　电动机的起动-停止控制

在绘制继电接触器控制系统的电路图时，一般应遵循以下原则：

(1) 电路图中所有电器元件的电路符号和文字符号，都应采用国家规定的标准符号来表示。

(2) 电路图由主回路和控制回路两部分组成，主回路一般画在左侧，控制回路一般画在右侧。

(3) 同一个元器件的不同部件应按照功能画在不同的回路中，但应标注相同的文字符号。

7.2.1　电动机的点动控制

电动机的点动控制电路如图 7.13 所示。

电动机点动控制的工作过程如下：

(1) 合上刀开关 Q，按下起动按钮 SB_{st}，则交流接触器 KM 的线圈得电，在电磁力的作用下，主回路中的交流接触器 KM 的主触点闭合，那么三相交流电接通三相交流电动机 M，电动机运转。

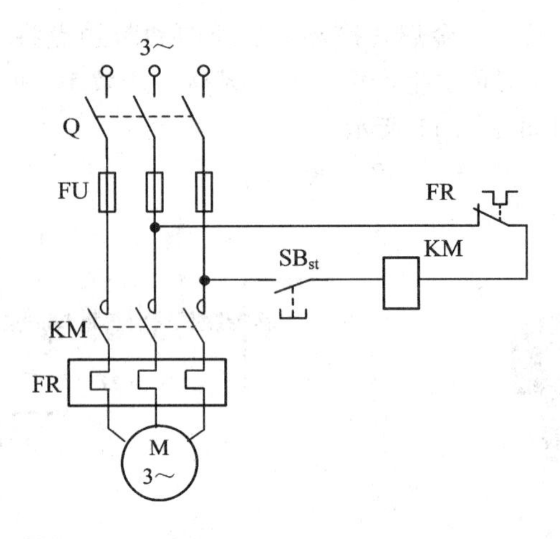

图 7.13　电动机点动控制电路

(2) 手松开起动按钮 SB_{st} 后，交流接触器 KM 的线圈失电，没有电磁力的作用，主回路中的交流接触器 KM 的主触点恢复断开状态，则三相交流电动机 M 断电，电动机停转。

在这个控制过程中，熔断器 FU 起短路保护的作用。一旦发生短路，电路中的电流值超过了允许值，则熔断器快速熔断，从而切断电源，起到保护电路和电动机的作用。

热继电器 FR 起过载保护的作用。当长时间发生过载时，热继电器的动断触点将自动断开，使得控制回路中的交流接触器 KM 的线圈失电，主回路中的交流接触器 KM 的主触点处于断开状态，则三相交流电动机 M 断电，电动机停转。

电动机的点动控制一般是实现控制设备作微小移动的，多用于机具、设备的对位、对刀、定位及机器设备的调试等场合。

7.2.2　电动机的长动控制

电动机的长动控制电路如图 7.14 所示。

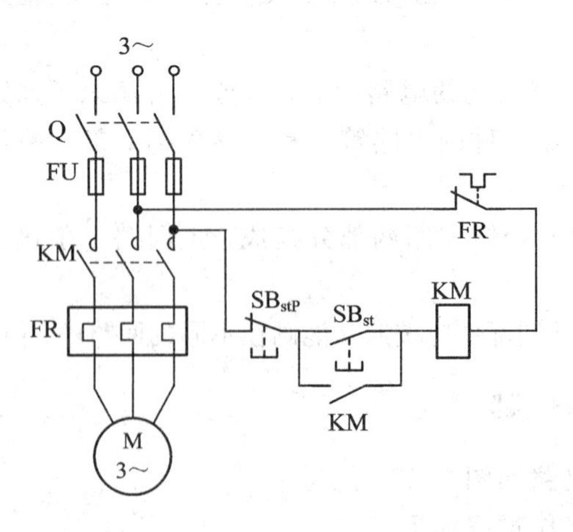

图 7.14　电动机的长动控制电路

电动机长动控制的工作过程如下：

(1) 合上刀开关 Q，按下起动按钮 SB_{st}，则交流接触器 KM 的线圈得电，主回路中的交流接触器 KM 的主触点闭合，那么三相交流电接通三相交流电动机 M，电动机运转；控制回路中交流接触器 KM 的动合触点闭合，因此在手松开起动按钮 SB_{st}后，交流接触器 KM 的线圈依然得电，电动机持续运转。交流接触器 KM 的动合触点为电动机的持续得电提供了一条通路，这一作用称为“自锁”，该动合触点也称为自锁触点。

(2) 按下停止按钮 SB_{stP}后，交流接触器 KM 的线圈失电，主回路中的交流接触器 KM 的主触点恢复断开状态，则三相交流电动机 M 断电，电动机停转；控制回路中交流接触器 KM 的动合触点断开，解除自锁。

在继电接触器控制系统中，交流接触器 KM 本身还起零压保护的作用。电动机正常运行中，若突然断电，此时交流接触器 KM 的线圈失电，控制回路中的动合触点断开，自锁解除；主回路中的主触点断开，电动机停转。若又突然来电，由于主回路中的交流接触器 KM 的主触点已经处于断开状态，因此电动机 M 不会自行起动，也就避免了可能对毫无思想准备的操作人员造成安全事故。

7.3　电动机的正反转控制

在生产中，常常要求生产部件作前、后两个相反方向的运动，而生产部件多由电动机驱动。因此，实际上是要求对电动机进行正、反两个方向的控制。

电动机要反转，只要将接在电动机上的三相电源任意交换两根电源线，则加在电动机上的三相电源将形成反方向的旋转磁场，电动机也因此会反方向转动。控制电动机反方向转动，还需要再接入一个交流接触器。因此，实现电动机的正、反转需要两个交流接触器。

电动机正反转控制的电路如图 7.15 所示。

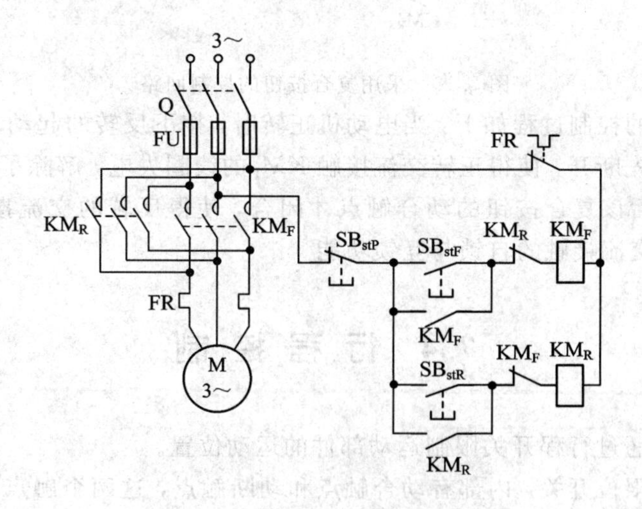

图 7.15　电动机正反转控制电路

从图 7.15 中可以看出，这两个交流接触器的主触点不应该同时闭合，否则三相交流电源将会短路。如何保证电动机运转时，只有一个交流接触器的主触点闭合呢？在控制电动机正、反转的回路中，分别接入两个交流接触器的动断触点，就可以实现这一“互锁”目的。这两个动断触点也称为互锁触点。

分析电动机正反转控制电路的控制过程如下：合上刀开关 Q，按下正转的起动按钮 SB_{stF}，则正转的交流接触器 KM_F的线圈得电，主回路中的交流接触器 KM_F的主触点闭合，电动机正转；控制回路中交流接触器 KM_F 的动合触点闭合，实现了自锁，KM_F 的动断触点断开，将控制反转的交流接触器 KM_R 的线圈所在的支路断开，因此控制反转的交流接触器 KM_R 的主触点不会同时闭合，这样就实现了只能有一个交流接触器工作的情况，保证了三相交流电源不会发生短路事故。

对控制反转的交流接触器 KM_R 的动断触点的分析相似，在此不再赘述。

若要电动机反转，先按下停止按钮 SB_{stP}。此时正转交流接触器 KM_F 的线圈失电，正转交流接触器的各个触点恢复原态，即主触点断开、动合触点断开、动断触点闭合。再按下反转起动按钮 SB_{stR}，则电动机反转。

在实现电动机正反转控制的电路中，控制回路还常常采用如图 7.16 所示的电路形式，与图 7.15 所示的电路相比，这个电路通过使用复合按钮，增加了电路的联锁功能，而且方便了对电动机正、反转的控制，即可以不按停止按钮就直接实现电动机从正转变为反转，或从反转变为正转的功能。

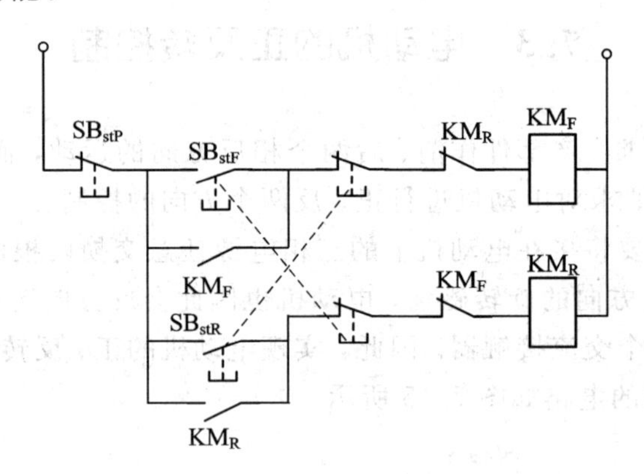

图 7.16 采用复合按钮的控制回路

分析这个电路的控制过程如下：当电动机正转时，按下反转的起动按钮 SB_{stR}，则该复合按钮的动断触点先断开，使得正转交流接触 KM_F 的线圈失电，解除了正转交流接触的自锁和互锁功能；然后该复合按钮的动合触点才闭合，使得反转的交流接触 KM_R 的线圈得电，实现了反转的交流接触的自锁与互锁功能。

7.4 行程控制

行程控制是指通过行程开关限制运动部件的运动位置。

行程开关也称限位开关，内部有动合触点和动断触点，这两个触点接在不同的控制电路中。当运动部件上的撞块压在行程开关上时，动断触点断开，其后动合触点闭合，由此控制得到不同的电路状态。行程开关的电路符号和文字符号如图 7.17 所示。

SQ　　　SQ

(a) 动断触点　　(b) 动合触点

图 7.17 行程开关的电路符号和文字符号

图7.18(a)所示的是用行程开关来控制工作台自动往返在两个固定位置之间的示意图，对应的控制电路如图7.18(b)所示。

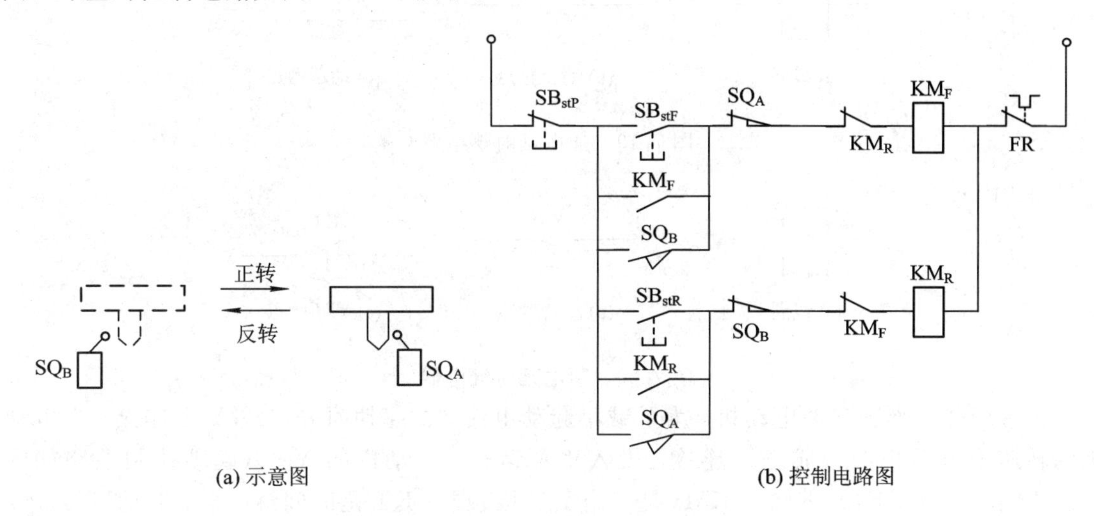

图7.18　自动往返的行程控制

行程开关控制工作台自动往返在两个固定位置之间的工作过程如下：按下起动按钮SB_{stF}，正转的交流接触器KM_F的线圈得电，电动机正转，带动工作台向右移动(如图7.18(a)所示)；当工作台上的撞块压在行程开关SQ_A时，行程开关SQ_A的动断触点断开，则正转的交流接触器KM_F的线圈失电，电动机停止正转。此时行程开关SQ_A的动合触点闭开，将使反转的交流接触器KM_R的线圈得电，电动机反转。电动机反转时，带动工作台向左移动，撞块离开了行程开关SQ_A，则行程开关SQ_A的动断触点及动合触点自动复位。

工作台移动至左侧撞压行程开关SQ_B的情况与上面的叙述相似，不再赘述。

如此，工作台将在两个固定位置之间自动往返移动，直至按下停止按钮SB_{stP}，工作台停止移动。

7.5　时间控制

时间控制是指按照设定好的时间间隔实现对电路的接通、断开或换接等的控制。如在一条自动生产线中，多台电动机常常需要间隔一定的时间分批起动，那么就可以通过时间继电器完成这样的自动控制过程。

时间继电器有多种形式，在交流电路中，常用的是空气式时间继电器。

时间继电器可以分为通电延时继电器和断电延时继电器。两者的区别是，通电延时继电器内部的两个延时触点分别是通电延时断开的动断触点和通电延时闭合的动合触点，如图7.19所示；断电延时继电器内部的两个延时触点分别是断电延时闭合的动断触点和断电延时断开的动合触点，如图7.20所示。

下面以电动机的Y-△起动控制为例说明时间控制原理。

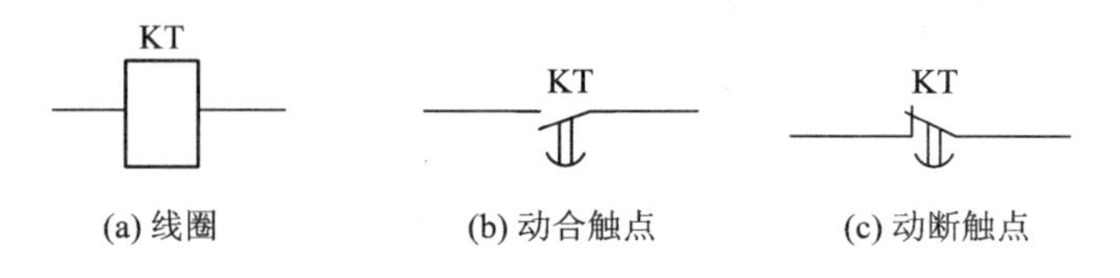

图 7.19　通电延时继电器

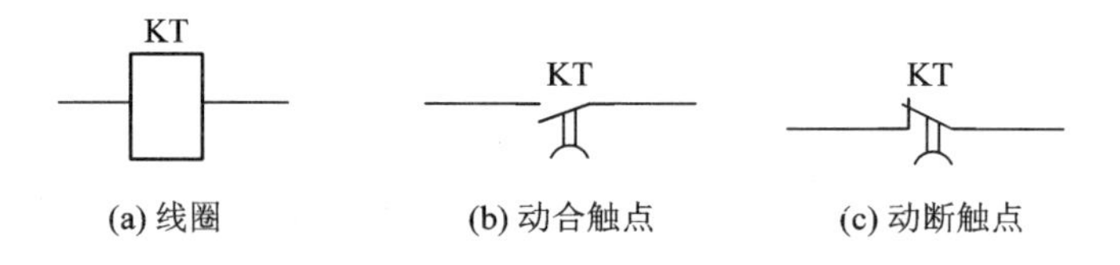

图 7.20　断电延时继电器

正常应作△形连接的电动机，为了减小起动电流，在起动时先接成 Y 形连接，当电动机的转速上升后再改接成△形连接，投入正常运行。电动机的 Y -△起动控制电路如图 7.21 所示，图中，KM、KM_Y、$KM_{\triangle}$是三个交流接触器；KT 是时间继电器，电动机接成 Y 形连接的时间是通过时间继电器 KT 来控制的。

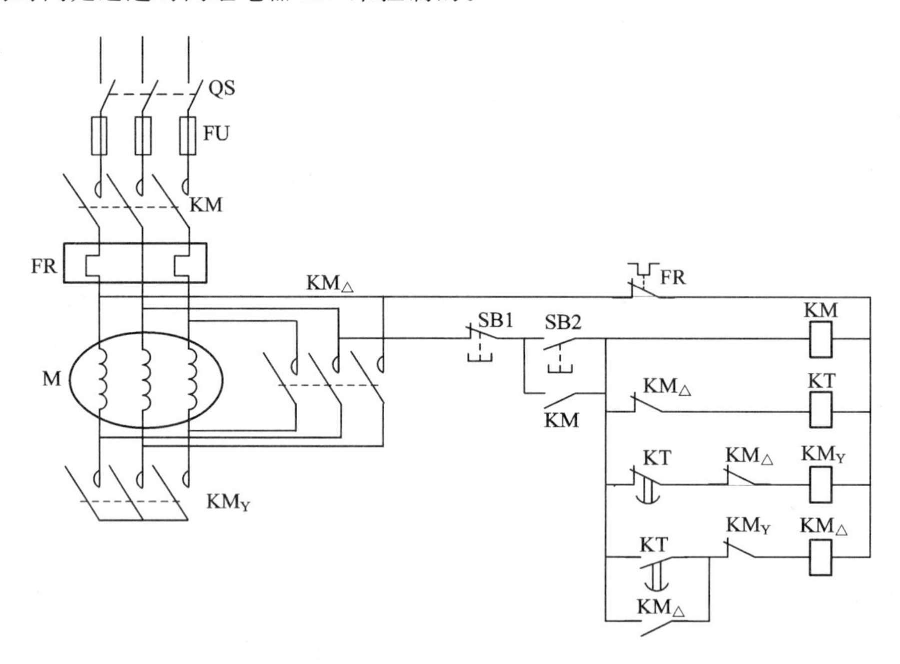

图 7.21　Y -△起动电路

起动时，按下起动按钮 SB2，接触器 KM 线圈得电，主电路接通电源；此瞬间接触器 KM_Y线圈，主电路中的接触器 KM_Y主触头接通，电动机作 Y 形连接，电动机起动；与此同时，时间继电器线圈 KT 得电，开始计时，经过预设时间后，时间继电器 KT 的延时动断触头断开接触器 KM_Y的线圈，KM_Y的主触点断开，接触器 KM_Y辅助动断触头闭合；KT 的延时动合触头闭合，接触器 $KM_{\triangle}$线圈得电，因此接触器 KM 和 $KM_{\triangle}$的主触头都闭合，于是电动机作△形连接，进入正常运行。此时接触器 $KM_{\triangle}$的辅助动断触头断开，KT 断电。

若要电动机停转，只需按下停止按钮 SB1 即可。

习　题　7

7-1　如何实现电动机的点动控制？请画出电路图。

7-2　电动机的正反转控制电路中，“联锁”有什么作用？它是如何实现的？

7-3　画出电动机的正反转控制电路图，说明电路的保护功能有哪些？由什么元件实现这些保护功能？写出电路中各元件的名称。

7-4　试着设计一个控制电路，要求实现两台电动机的顺序控制：M1起动后M2才能起动，M2停车后M1才能停车。

第8章 可编程控制器PLC及其应用

可编程控制器(Programmable Logic Controller，PLC)是一种以微处理器为核心，将自动化技术、计算机技术、通信技术融为一体，实现数字运算的新型工业控制器装置。它采用可编程的存储器，在内部存储、执行逻辑运算，顺序控制，计时、计数和算术运算等操作指令，并能通过数字式或模拟式的输入和输出，控制各种类型的机械或生产过程。

由于可编程控制器具有可靠性高、抗干扰能力强、功能完善、适用性强、易学、易用等优点，从问世以来，一直深受工程技术人员的欢迎。目前，PLC已被广泛地应用于各种生产机械和生产过程的自动控制中，被公认为现代工业自动化的三大支柱(PLC、机器人、CAD/CAM)之一。

本章首先介绍PLC的基础知识，包括PLC的基本结构、工作原理、性能指标和使用方法等；然后详细介绍目前最为常用的西门子公司的S7-200可编程控制器，并给出了一些设计实例。

8.1 可编程控制器的结构和工作方式

8.1.1 可编程控制器的硬件结构和功能

PLC种类繁多，功能和指令也不尽相同，但其结构和工作方式则大同小异。它一般包括中央处理单元(Central Processing Unit，CPU)、存储器、输入接口、输出接口、I/O扩展接口、外部设备接口以及电源等，如图8.1所示。外部的按钮、开关和模拟信号经过输入接口输入PLC后，寄存到PLC内部的状态寄存器和数据存储单元中，按照程序要求对其进行逻辑操作和数据运算，并将结果经由输出接口输出，控制外部的输出设备。

1. 中央处理单元

中央处理单元(CPU)是可编程控制器的控制中枢，它按照系统程序赋予的功能指挥可编程控制器进行工作，其主要任务包括：

(1) 接收并存储从编程器输入的用户程序和数据。

(2) 检查、校验用户程序，发现语法错误立刻报警并停止运行。

(3) 接收、调用现场信息并执行用户程序。

(4) 检查电源、存储器、I/O以及警戒定时器的故障，并通过显示器显示出相应的故障信息。

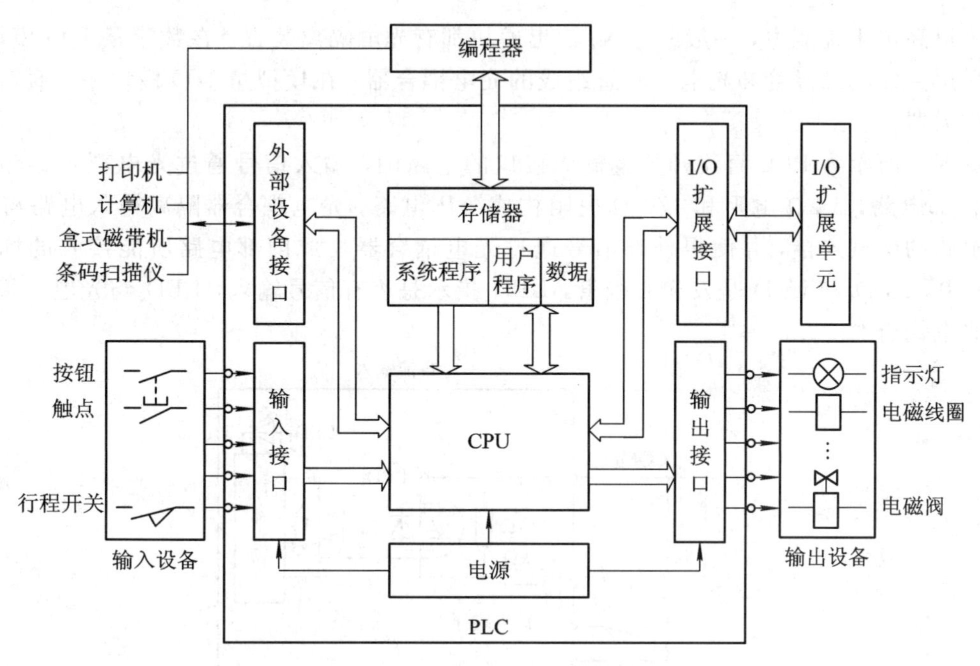

图 8.1　PLC 硬件组成框图

不同型号的可编程控制器采用的 CPU 芯片是不同的，有些采用通用微处理器、单片机和位片式微处理器等，也有一些厂家采用自行设计的专用 CPU 芯片，如西门子公司的 S7-200 系列可编程控制器。CPU 芯片的性能与可编程控制器处理信号的能力与速度密切相关。小型 PLC 大多采用 8 位微处理器或单片机，中型 PLC 大多采用 16 位微处理器或单片机，大型 PLC 大多采用高速位片式微处理器。PLC 的档次越高，所用的 CPU 的位数也越多，运算速度也越快，功能也越强。

2. 存储器

可编程控制器的内部存储器根据存放信息的不同，分为系统程序存储器、用户程序存储器和工作数据存储器。

系统程序存储器用来存放由可编程控制器生产厂家编写的系统程序，并固化在 ROM 中，用户不能直接更改。系统程序使得可编程控制器具有了基本的功能，可以完成基本操作。

用户程序存储器用来存放用户针对具体任务而编写的用户程序。通常 PLC 产品资料中所指的存储器类型或存储方式及容量，是对用户程序存储器而言的，其内容可以由用户任意修改和增删。

工作数据存储器用来存储工作数据。

3. 输入/输出(I/O)接口

输入接口用来接收和采集两种类型的输入信号，一类是由按钮、选择开关、继电器触点、光电开关、行程开关、数字拨码开关等的开关量输入信号(数字信号)；另一类是由电位器、测速发动机和各种变送器送来的模拟量输入信号。

输出接口用来连接被控对象中各种执行元件，如继电器、电磁阀、指示灯、调速装置等，向现场的执行部件输出相应的控制信号。

为提高抗干扰能力，一般的输入/输出模块都有光电隔离装置。在数字量 I/O 模块中，广泛采用由发光二极管和光电三极管组成的光电耦合器；在模拟量 I/O 模块中，通常采用隔离放大器。

图 8.2 所示为 PLC 直流开关量输入接口的电路图，输入信号通过光电耦合器输入给 PLC 内部电路，3 kΩ 电阻和 470 Ω 电阻构成分压电路。光电耦合器隔离输入电路与 PLC 内部电路的电气连接，并使得外部信号通过光电耦合器变成内部电路所能接收的标准信号。其中，LED_1 和 LED_2 是发光二极管，LED_1 指示是否有信号输入，LED_2 与光电三极管 T 构成光电耦合。

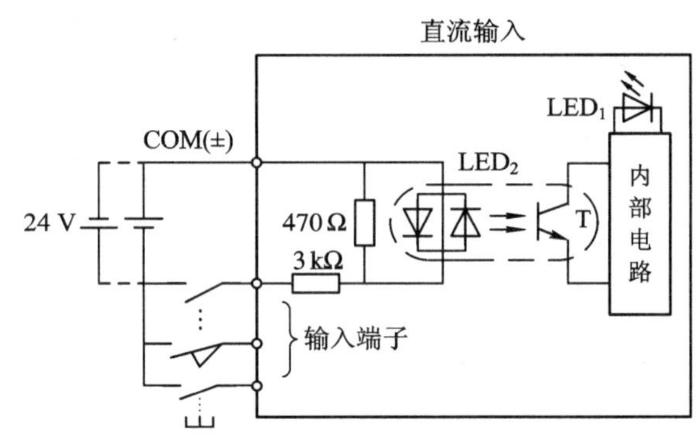

图 8.2 PLC 的直流开关量输入接口电路

图 8.3 和图 8.4 分别为 PLC 继电器输出接口电路和晶体管输出接口电路。继电器工作时，通过触点的通、断控制电路的通、断和信号输出。由于在信号的频率较高时，触点的反应速度跟不上，以及触点存在工作寿命较短的问题，因此继电器输出接口电路一般用于开关通、断频率较低的直流负载和交流负载；而晶体管输出接口电路多用于开关通、断频率较高的直流负载。

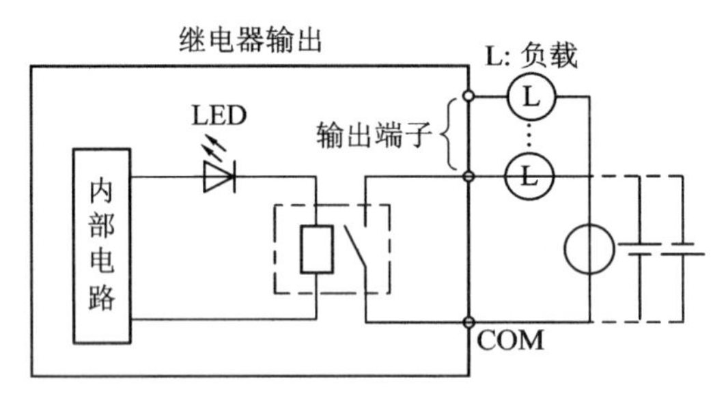

图 8.3 PLC 的继电器输出接口电路

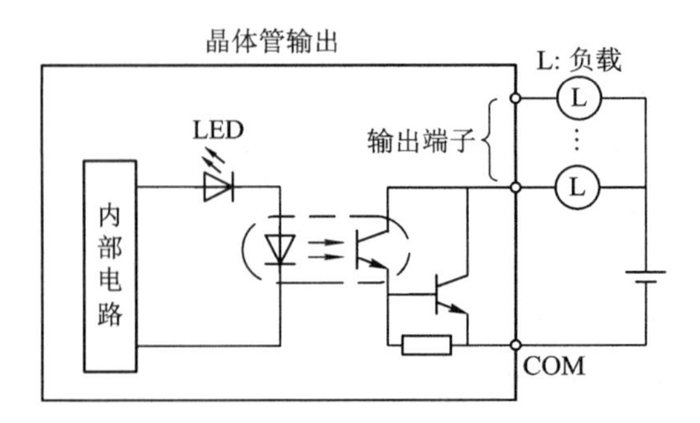

图 8.4 PLC 的晶体管输出接口电路

4. 电源

PLC 配有开关式稳压电源模块，用来将外部供电电源转换成可供 PLC 内部 CPU、存储器和 I/O 接口等电路使用的直流电源。PLC 的电源部件有很好的稳压措施，因此对外部电源的稳定性要求不高，可使用一般工业电源。小型 PLC 的电源往往和 CPU 单元合为一体，大中型 PLC 都有专用电源部件。

5. 编程器

编程器是 PLC 最重要的外围设备之一。

编程器一般分为简易编程器和图形编程器两类。简易编程器功能较少，一般只能用语句表形式进行编程，通常需要联机工作。简易编程器使用时，应直接与 PLC 的专用插座相连接，由 PLC 提供电源。由于它体积小，重量轻，便于携带，因此适合小型 PLC 使用。图形编程器既可以用指令语句进行编程又可以用梯形图编程；既可联机编程又可脱机编程，操作方便，功能强，但价格相对较高，通常用于大中型 PLC 中。

6. 输入/输出(I/O)扩展接口

输入/输出(I/O)扩展接口用于将扩充外部输入/输出端子数的扩展单元与基本单元(即主机)连接在一起。I/O 扩展接口有并行接口、串行接口等多种形式。

7. 外部设备接口

外部设备接口是 PLC 主机实现人机对话的通道。通过该接口，PLC 可以和打印机、显示器、扫描仪等外部设备相连，也可以和其他 PLC 或上位计算机连接。

8.1.2　可编程控制器的基本工作原理

PLC 工作过程框图如图 8.5 所示。

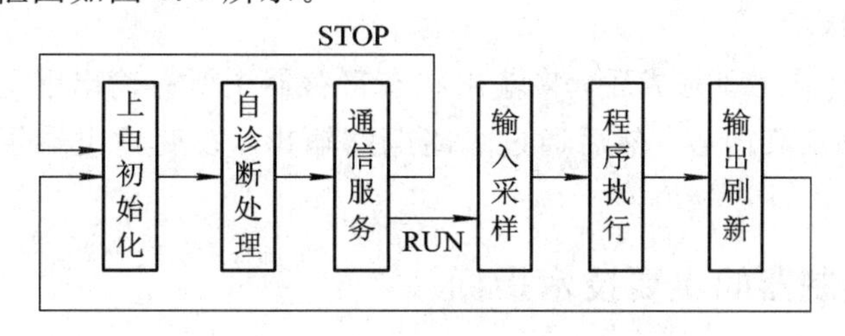

图 8.5　PLC 工作过程

PLC 上电后首先对系统进行初始化，包括硬件初始化和软件初始化。然后作自诊断处理，PLC 每扫描一次，执行一次自诊断检查，检查自身的状态是否正常，CPU、电池电压、程序存储器、I/O 组件状态和通信等是否异常，如果检查出异常，给出报警信号；确认正常后，进行通信服务程序，完成各外接设备(编程器、打印机、扩展单元等)的通信连接，检查是否有中断请求，若有则作相应处理。PLC 在上电处理、自诊断和通信服务完成后，如果工作开关打开到“RUN”，则进入扫描工作阶段，当 PLC 处于“STOP”时只作内部处理和通信操作。

PLC 与普通计算机的等待工作方式不同，它采用“顺序扫描、不断循环”的方式进行工作，即在 PLC 运行时，CPU 根据用户程序作周期性顺序循环扫描，如果无跳转指令，则从第一条指令开始逐条顺序执行用户程序，直至程序结束；然后重新返回第一条指令，开始下一轮扫描。每一次扫描所用的时间称为扫描周期或工作周期。PLC 在扫描工作阶段，依次执行循环扫描的三个阶段，即输入采样、程序执行和输出刷新阶段，如图 8.6 所示。

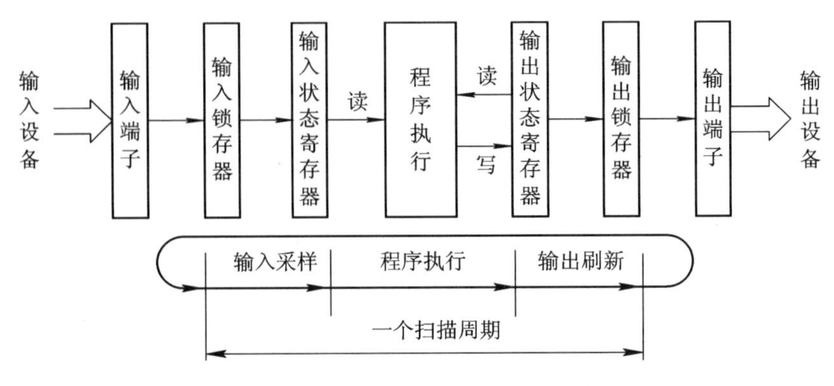

图 8.6　PLC 扫描工作过程

1. 输入采样阶段

PLC 在输入采样阶段，首先扫描全部输入端口，顺序读取所有输入端口状态以及输入数据，并将其写入对应的输入状态映像寄存器，即刷新输入状态寄存器，同时关闭输入端口，为程序执行阶段作好准备。当进入程序执行阶段后，即使输入端状态发生变化，由于输入状态寄存器与输入端口隔离，输入状态寄存器也不会改变，只有在下一个扫描周期的输入采样阶段端口信息才被读入。

2. 程序执行阶段

PLC 在程序执行阶段，根据用户程序，CPU 从第一条指令开始，按先左后右、先上后下的顺序逐条执行程序，并从输入状态寄存器、内部继电器和当前输出状态寄存器中获取有关数据，根据用户程序进行逻辑运算，把运算结果存入对应的内部辅助寄存器和输出状态寄存器中，当最后一条控制程序执行完毕后，转入输出刷新阶段。

3. 输出刷新阶段

当所有指令都扫描处理完成后，将输出状态寄存器中所有输出继电器的状态信息转存到输出锁存器中，刷新其内容，然后通过隔离电路输出，改变输出端子上的状态以及驱动被控设备工作。

8.1.3　可编程控制器的主要技术指标

PLC 的主要性能通常可以用以下指标来描述。

1. I/O 点数

I/O 点数指 PLC 外部的输入/输出端子的数目，它是衡量 PLC 可接收输入信号和输出信号数量的能力，也是一项描述 PLC 控制规模的重要指标。PLC 的 I/O 点数包括主机的基本 I/O 点数和最大扩展点数。通常小型机的 I/O 点数有几十个点，中型机有几百个点，大型机超过千点。

2. 扫描速度

扫描速度通常以执行一步指令的时间计，单位为 μs /步。有时也以执行 1000 步指令时间计，单位为 ms/千步。

3. 内存容量

内存容量一般用来衡量 PLC 所能存放用户程序的多少。在 PLC 中，程序指令是按

"步"存放的(一条指令往往不止一"步")，一"步"占用一个地址单元，即两个字节，如一个内存容量为 1000"步"的 PLC，可以推知其内存为 2K 字节。"内存容量"实际是指用户程序容量，它未包括系统程序存储器的容量。

4. 指令系统

PLC 的指令系统可分为基本功能指令和高级指令两大类。指令系统的指令种类和条数是衡量 PLC 软件功能强弱的重要指标，PLC 指令种类越多，则说明它的软件功能越强。

5. 内部寄存器

PLC 内部有许多寄存器，用以存放变量状态、中间结果和数据等。还有许多辅助寄存器给用户提供特殊功能，以简化整个系统设计。因此寄存器的配置情况常是衡量 PLC 硬件功能的一个指标。

6. 编程元件的种类和数量

PLC 是采用软件编制程序来实现控制要求的。编程时要使用到各种编程元件，它们可提供无数个动合和动断触点。编程元件是指输入寄存器、输出寄存器、位存储器、定时器、计数器、通用寄存器、数据寄存器及特殊功能存储器等。

PLC 内部这些存储器的作用和继电接触控制系统中使用的继电器十分相似，也有"线圈"与"触点"，但它们不是"硬"继电器，而是 PLC 存储器的存储单元。当写入该单元的逻辑状态为"1"时，则表示相应继电器线圈得电，其动合触点闭合，动断触点断开。所以，内部的这些继电器称之为"软"继电器。

西门子 S7 - 200 系列 CPU224、CPU226 部分编程元件的编号范围与功能说明如表 8 - 1 所示。

表 8 - 1　编程元件的编号范围和功能说明

元件名称	符号	编号范围	功能说明
输入寄存器	I	I0.0～I1.5 共 14 点	接收外部输入设备的信号
输出寄存器	Q	Q0.0～Q1.1 共 10 点	输出程序执行结果并驱动外部设备
位存储器	M	M0.0～M31.7	在程序内部使用，不能提供外部输出
定时器	T	T0，T64	保持型通电延时，1 ms
		T1～T4，T65～T68	保持型通电延时．10 ms
		T5～T31，T69～T95	保持型通电延时，100 ms
		T32，T96	ON/OFF 延时，1 ms
		T33～T36，T97～T100	ON/OFF 延时，10 ms
		T37～T63，T101～T255	ON/OFF 延时，100 ms
计数器	C	C0～C255	加法计数器，触点在程序内部使用
高速计数器	HC	HC0～HC5	用来累计比 CPU 扫描速率更快的事件
顺控继电器	S	S0.0～S31.7	提供控制程序的逻辑分段
变量存储器	V	VB 0.0～VB5119.7	数据处理用的数值存储元件
局部存储器	L	LB0.0～LB63.7	使用临时的寄存器，作为暂时存储器
特殊存储器	SM	SM0.0～SM549.7	CPU 与用户之间交换信息
特殊存储器	SM(只读)	SM0.0～SM29.7	接收外部信号
累加寄存器	AC	AC0～AC3	用来存放计算的中间值

7. 编程语言

编程语言一般有梯形图、指令助记符(指令语句表)、控制系统流程图语言、高级语言等，不同的 PLC 提供不同的编程语言。

8. 编程手段

编程手段有手持编程器、CRT 编程器、计算机编程器及相应编程软件。

8.1.4 可编程控制器的特点

可编程控制器的种类千差万别，为了在恶劣的工业环境中使用，它们有许多共同的特点。

(1) 抗干扰能力强，可靠性极高。PLC 在硬件和软件方面均采取了一系列的抗干扰措施。在硬件方面，采用大规模集成电路和计算机技术，输入和输出电路采用光电隔离技术，在电源电路和 I/O 接口中设置多种耦波电路，在 PLC 内部还采用了电磁屏蔽措施。在软件方面，采取了很多特殊措施，设置了警戒时钟 WDT(Watching Dog Timer)、故障检测及诊断程序，而且 PLC 特有的循环扫描工作方式，有效地屏蔽了绝大多数的干扰信号。

(2) 编程方法简单、易学。可编程控制器的设计是面向工业企业中一般电气工程计算人员的。它采用易于理解和掌握的梯形图语言，以及面向工业控制的简单指令。梯形图的电路符号和表达方式与继电器电路原理图相似，梯形图语言继承了传统继电器控制线路的表达型式(如线圈、触点、动合、动断)，具有形象、直观，易学、易懂的特点，熟悉继电器电路图的电气技术人员只需要花几天时间就可以熟悉梯形图语言，并用来编制数字量控制系统的用户程序。

(3) 功能强，性能价格比高。一台 PLC 内有成千上万个可供用户使用的编程元件，可以实现非常复杂的控制功能。与相同功能的继电器系统相比，PLC 具有很高的性能价格比。

(4) 硬件配套齐全，用户使用方便，适应性强。PLC 产品已经标准化、系列化、模块化，并配备有品种齐全的各种硬件装置供用户选用。PLC 的安装、接线也很方便，一般用接线端子连接外部接线。PLC 有较强的带负载能力，可以直接驱动大多数电磁阀和中小型交流接触器。在硬件配置确定后，通过修改用户程序，可以方便、快速地适应工艺条件的变化。

(5) 系统的设计、安装、调试工作量少。PLC 用软件功能取代了继电器控制系统中大量的中间继电器、时间继电器、计数器等器件，使控制柜的设计、安装、接线工作量大大减少。PLC 的梯形图程序可以用顺序控制设计法来设计，这种设计法有规律，容易掌握。对于复杂的控制系统，用这种方法设计程序的时间比设计继电器系统电路图的时间要少得多。在现场调试过程中，一般通过修改程序就可以解决发现的问题，系统的调试时间比继电器系统也少得多。

(6) 维修工作量小，维修方便。PLC 的故障率很低，并且有完善的故障诊断功能。当 PLC 或外部的输入装置和执行机构发生故障时，可以根据信号模块上的发光二极管或编程软件提供的信息，方便、快速地查明故障原因，用更换模块的方法可以迅速地排除故障。

(7) 体积小，能耗低。复杂的控制系统使用 PLC 后，可以减少大量的中间继电器和时间继电器，小型 PLC 的体积仅相当于几个继电器的大小，因此可以将开关柜的体积缩小到原来的 1/2～1/10。PLC 控制系统与继电器控制系统相比，配线用量少，安装、接线工时短，加上开关柜体积的缩小，因此可以节省大量的费用。

8.2　可编程控制器的程序编写

可编程控制器的程序包括系统程序和用户程序两种。系统程序由可编程控制器生产厂家编写，并固化在 ROM 中，用户不能直接更改。用户程序是用户根据控制要求，利用 PLC 厂家提供的程序编写语言和指令编写的应用程序。因此，程序编写是指编写用户程序。

8.2.1　可编程控制器的编程语言

PLC 作为一个工业控制计算机，采用软件编程逻辑代替传统的硬件有线逻辑实现控制。通常 PLC 的编程语言有梯形图、指令语句表、指令助记符、顺序功能图等，这其中比较常用的是梯形图和指令语句表。

1. 梯形图

梯形图语言是在继电器控制的基础上演变而来的一种图形语言，它比较形象、直观，是中、小型 PLC 的主要程序语言。梯形图是借助于类似继电器的动合触点、动断触点、线圈以及串联与并联等术语和符号，根据控制要求连接而成的表示 PLC 输入和输出逻辑关系的图形。

梯形图中通常用 ─┤├─ 和 ─┤/├─ 图形符号分别表示 PLC 输入继电器的常开(动合)和常闭(动断)触点；用─[ ]─ 或─○─ 图形符号表示它们的“线圈”。梯形图中编程元件的种类用图形符号及标注的字母或数字加以区别。另外，不同厂家的 PLC，其梯形图元件的画法也略有不同。异步电机直接起动控制如图 8.7 所示。

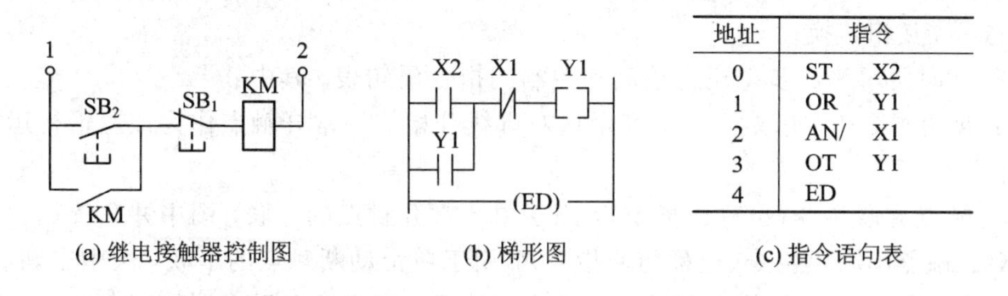

地址	指令	
0	ST	X2
1	OR	Y1
2	AN/	X1
3	OT	Y1
4	ED	

图 8.7　异步电机直接起动控制

图 8.7(a)所示为异步电机直接起动的实际继电接触器控制图。图 8.7(b)是对应的 PLC 控制的梯形图，图中，X1 和 X2 分别表示 PLC 输入继电器的常闭和常开触点，它们分别对应于图 8.7(a)继电器控制的停止按钮 SB_1 和起动按钮 SB_2；Y1 表示图 8.7(a)输出继电器 KM 的线圈和常开触点。

这里需要注意的是，梯形图表示的并不是一个实际电路，而只是一个控制程序，其间的连线表示的是它们之间的逻辑关系，即所谓“软接线”。梯形图中的继电器并非是物理实体，而是“软继电器”，对应 PLC 存储单元中的一位。当该位状态为“1”时，对应的继电器线圈接通，其常开触点闭合、常闭触点断开；当该位状态为“0”时，对应的继电器线圈不通，其常开、常闭触点保持原态。

梯形图编程时的格式要求和特点如下：

(1) 梯形图按自左至右、自上至下的顺序书写，CPU 也是按照此顺序执行程序。

(2) 每个梯形图由多层梯级(或称逻辑行)组成，每层梯级起始于左母线，经过中间各种元件连接，最后通过一个继电器线圈终止于右母线。每一逻辑行实际上代表一个逻辑方程。

(3) 梯形图中左、右两边的竖线分别称为左、右母线，也叫起始母线、终止母线。每一逻辑行必须从起始母线开始画起，终止于继电器线圈或终止母线(有些 PLC 终止母线可以省略)。

(4) 梯形图中某一编号的继电器线圈一般情况下只能出现一次(除了有跳转指令和步进指令等的程序段以外)，而同一编号的继电器的常开、常闭触点则可被无限次使用(即重复读取与该继电器对应的存储单元状态)。

(5) 梯形图中每一梯级的运算结果，可以立即被其后面的梯级所利用。

(6) 输入继电器仅用于接收外部输入信号，它仅受外部输入信号的控制，不能由内部其他继电器的触点来驱动。因此梯形图中只出现输入继电器的触点，而不出现其线圈。

(7) 当梯形图中的输出继电器线圈接通时，就有信号输出，但由于梯形图中的输入接点和输出继电器线圈对应的是 I/O 映像寄存器相应位的状态，而不是物理触点和线圈，因此不能直接驱动外部设备，只能通过受控于输出继电器状态的接口元件，如继电器、晶闸管、晶体管等去驱动现场执行元件。

(8) PLC 的内部辅助继电器、定时器、计数器等的线圈不能用于输出控制。

(9) 程序结束时应有结束符，用"——(ED)——"表示。

2. 指令语句表

指令语句表是一种指令助记符语言，类似于计算机的汇编语言，用一些简洁易、记的文字符号表达 PLC 的各种指令。同一厂家的 PLC 产品，其助记符语言与梯形图语言是相互对应的，可互相转换。

图 8.7(c)所示为异步电机直接起动控制的指令语句表。其中：

ST：起始指令(也叫取指令)，表示从左母线开始取用常开触点作为该逻辑行运算的开始，图中取用 X2。

OR：触点并联指令(也称或指令)，用于单个常开触点的并联，图中并联 Y1。

AN/：触点串联反指令(也称与非指令)，用于单个动断触点的串联，图中串联 X1。

OT：输出指令，用于将运算结果驱动指定线圈，图中驱动继电器线圈 Y1。

ED：程序结束指令。

8.2.2 可编程控制器的指令系统

下面以 S7－200 为例，介绍 PLC 的一些基本指令。

1. 基本位逻辑操作指令

基本为逻辑操作指令是只对位存储单元进行简单逻辑运算的指令，在梯形图中是指对触点的简单连接和对标准线圈的输出。

(1) 取指令 LD 和 LDN。

LD：取指令(Load)，读入逻辑行或电路块的第一个常开触点。

LDN：取反指令(Load Not)，读入逻辑行或电路块的第一个常闭触点。

(2) 触点串联指令 A、AN 与触点并联指令 O、ON。

A：与指令(And)，与常开触点。

AN：与非指令(And Not)，与常闭触点。

O：或指令(Or)，或常开触点。

ON：或非指令(Or Not)，或常闭触点。

(3) 触点取反指令 NOT。

NOT：取非指令，触点取非(输出反相)，改变能留输入的状态。

(4) 输出指令=。

=：输出指令，输出逻辑行的运算结果。

(5) 置位 S 和复位指令 R。

S：置位指令(Set)，置继电器状态为接通。

R：复位指令(Reset)，置继电器状态复位为断开。

(6) 空操作指令 NOP。

NOP：空操作指令，指令不完成任何操作，即空操作。NOP 指令占 1 步，当插入 NOP 指令后，程序容量将有所增加，但不影响用户程序的执行。插入 NOP 指令可使程序在检查或修改时同意阅读。

电机单向连读控制如图 8.8 所示。图 8.8(a)所示梯形图是完成电动机单向连续控制功能的。I0.0 是起动按钮，常开触点；I0.1 是停止按钮，常闭触点；Q0.0 是接触器线圈，它的常开触点作自锁作用。

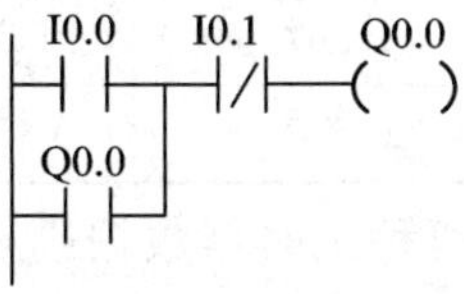

(a) 梯形图

LD　I0.0
O　Q0.0
AN　I0.1
=　Q0.0

(b) 语句表

图 8.8　电机单向连续控制

编程时从左母线开始，先是装载起动按钮 I0.0(取指令 LD)，然后并联接触器线圈 Q0.0(或指令 O)，串联停止按钮 I0.1(与非指令 AN)，最后输出到线圈(输出指令=)。图 8.8(a)所示的梯形图对应的语句表如图 8.8(b)所示。

2. 逻辑堆栈指令

(1) 栈装载与指令 ALD。栈装载与指令对堆栈中第一层和第二层的值进行逻辑与操作，结果放入栈顶。执行完栈装载与指令之后，栈深度减 1。

(2) 栈装载或指令 OLD。栈装载或指令对堆栈中第一层和第二层的值进行逻辑或操作，结果放入栈顶。执行完栈装载与指令之后，栈深度减 1。

(3) 逻辑推入栈指令 LPS。逻辑推入栈指令复制栈顶的值，并将这个值推入栈，栈底的值被推出并消失。

(4) 逻辑读栈指令 LRD。逻辑读栈指令复制堆栈的第二个值到栈顶，堆栈没有推入栈或者弹出栈操作，但旧的栈顶值被新的复制值取代。

(5) 逻辑弹出栈指令 LPP。逻辑弹出栈指令弹出栈顶的值，堆栈的第二个栈值成为新的栈顶值。

3. 定时器指令

在 S7－200 系列 PLC 中，定时器可用于时间累计，其分辨率分为 1 ms、10 ms 和 100 ms 三种。

按照工作方式，定时器可分为三种类型：接通延时定时器 TON、有记忆的接通延时定时器 TONR 和断开延时定时器 TOF。

(1) 接通延时定时器 TON：没有保持功能，在输入电路断开或停电时自动复位(清零)。

(2) 有记忆的接通延时定时器 TONR：具有保持功能，在输入电路断开或停电时保持当前值；当输入再次接通或者重新通电时，计数在原有值基础上继续累加。

(3) 断开延时定时器 TOF：在输入电路断开后延时断开输出。

S7－200 系列 PLC 的定时器参数如表 8－2 所示。

表 8－2　S7－200 定时器的类型及工作方式

工作方式	时基/ms	最大定时范围/s	定时器编号
TONR	1	32.767	T0，T64
	10	327.67	T1～T4，T65～T68
	100	3276.7	T5～T31，T69～T95
TON/TOF	1	32.767	T32，T96
	10	327.67	T33～T36，T97～T100
	100	3276.7	T37～T63，T101～T255

S7－200 系列 PLC 定时器在使用中有两种定时器数据：

(1) 当前值：16 位有符号整数，存储定时器当前所累计的时间。

(2) 定时器位：1 位数据。按照当前值和预置值的比较结果来置位或复位。预置值是定时器指令的一部分。

可以用定时器地址来存取上述这两种形式的定时器数据。如果使用位操作指令，则存取定时器位；若使用字操作指令，则存取定时器当前值。

图 8.9 是 PLC 定时控制的梯形图。该程序实现的功能是：将 I0.0 闭合后，T96 开始延时，时基 1 ms，预置端 PT 值为 2000，则延时 2 s 后，接通 Q0.0。

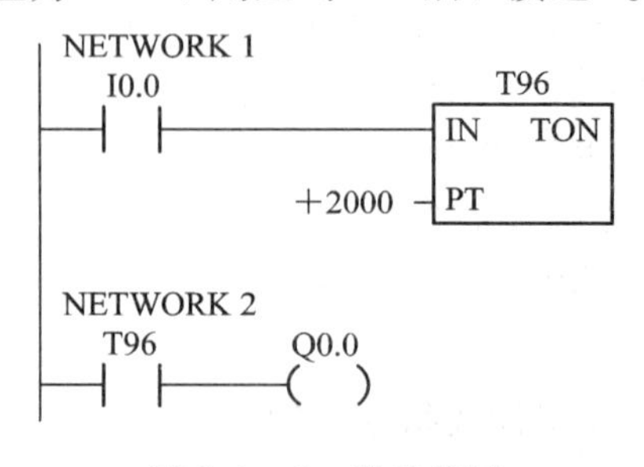

图 8.9　2 s 定时控制

4. 计数器指令

计数器主要由预置值寄存器、当前值寄存器、状态位等组成。它的工作原理是利用输入脉冲上升沿信号来累计脉冲个数。西门子 S7－200 系列 PLC 计数器指令有三种：增计数 CTU、减计数 CTD 和增/减计数 CTUD，如图 8.10 所示。

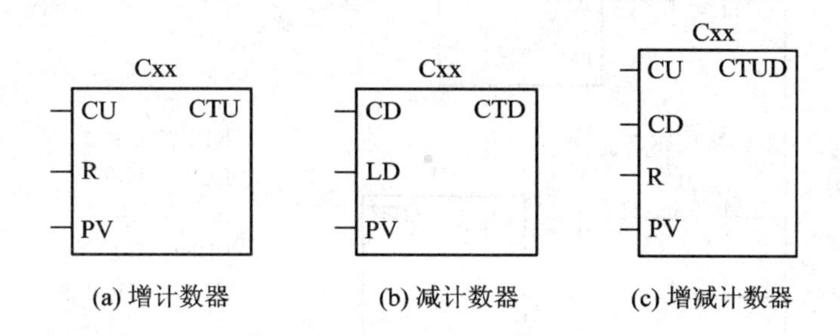

图 8.10　PLC 计数器

(1) 增计数指令 CTU：从当前计数值开始，在每一个 CU 输入状态从低到高时递增计数。当 Cxx 的当前值大于或等于预置值 PV 时，计数器位 Cxx 置位。当复位端 R 接通或者执行复位指令后，计数器被复位。当它达到最大值 32677 后，计数器停止计数。

(2) 减计数指令 CTD：从当前计数值开始，在每一个 CD 输入状态从低到高时递减计数。当 Cxx 的当前值等于 0 时，计数器位 Cxx 置位。当装载输入端 LD 接通时，计数器被复位，并将计数器的当前值设为预置值 PV。当计数值到 0 时，计数器停止计数，计数器位 Cxx 接通。

(3) 增减计时器指令 CTUD：在每一个增计数输入 CU 输入状态从低到高时递增计数，在每一个减计数输入 CD 输入状态从低到高时递减计数。计数器的当前值 Cxx 保存当前计数值，在每一次计数器执行时，预置值 PV 与当前值作比较。

当达到最大值 32 767 时，在增计数输入处的下一个上升沿导致当前计数值变为最小值－32 767。当达到最小值－32 767 时，在减计数输入处的下一个上升沿导致当前计数值变为最大值 32 767。

当 Cxx 的当前值大于等于预置值 PV 时，计数器位 Cxx 置位；否则，计数器位关断。当复位端 R 接通或者执行复位指令后，计数器被复位。当达到预置值 PV 时，CTUD 计数器停止计数。

例如，当按钮按下 3 次时，信号灯亮；再按该按钮 2 次，信号灯灭。表 8－3 所示为计数器指令 I/O 分配表；图 8.11 所示为实现该计数功能的程序。

表 8－3　计数器指令 I/O 分配表

	I/O 点	信号元件及作用
输入信号	I0.0	按钮
输出信号	Q0.0	信号灯

当第三次按下按钮时，C0 为 1，灯亮，同时 C1 计数 1 次；再按一下按钮，C1 为 1，C0 清 0，灯灭；同时 C1 清 0。

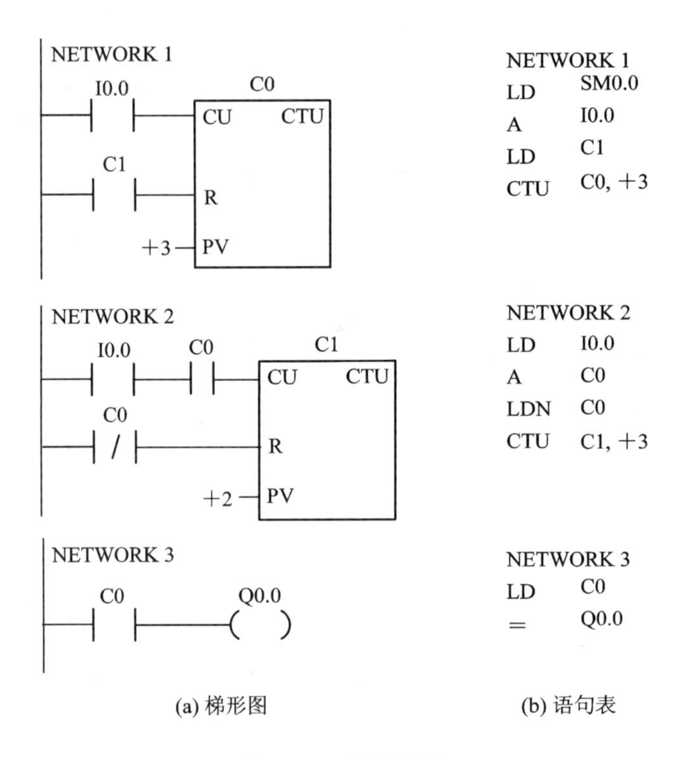

图 8.11 计数程序

8.2.3 可编程控制器的编程方法和原则

1. 可编程控制器的编程步骤

(1) 深入了解和分析被控对象的工艺条件和控制要求，主要是指控制的基本方式、应完成的动作、自动工作循环的组成、必要的保护和联锁等。对较复杂的控制系统，还可将控制任务分成几个独立部分，化繁为简，有利于编程和调试。

(2) 确定 I/O 设备。根据被控对象对 PLC 控制系统的功能要求，确定系统所需的用户输入、输出设备。常用的输入设备有按钮、选择开关、行程开关、传感器等；常用的输出设备有继电器、接触器、指示灯、电磁阀等。

(3) 选择合适的 PLC 类型。根据已确定的用户 I/O 设备，统计所需的输入信号和输出信号的点数，选择合适的 PLC 类型，包括机型、容量、I/O 模块、电源模块等的选择。

(4) 分配 PLC 的输入输出点，编制出 I/O 分配表或者画出 I/O 端子的接线图。将输入及输出器件编号，每一输入和输出，包括定时器、计数器、内置继电器等都有一个唯一的对应编号，不能混用。

(5) 设计应用系统梯形图程序。根据工作功能图表或状态流程图等设计出梯形图，这一步是整个应用系统设计的最核心工作，也是比较困难的一步。根据控制系统的动作要求，画出梯形图。

梯形图设计规则：

① 触点应画在水平线上，不能画在垂直分支上。应根据自左至右、自上而下的原则和对输出线圈的几种可能控制路径来画。

② 不包含触点的分支应放在垂直方向，不可放在水平位置，以便于识别触点的组合和对输出线圈的控制路径。

③ 在有几个串联回路相并联时，应将触头多的那个串联回路放在梯形图的最上面。在有几个并联回路相串联时，应将触点最多的并联回路放在梯形图的最左面。做这种安排后，所编制的程序简洁、明了，语句较少。

④ 不能将触点画在线圈的右边，只能在触点的右边接线圈。

(6) 把梯形图转变为可编程控制器的编码。当完成梯形图以后，下一步是把它编码成可编程控制器能识别的程序。

(7) 将程序输入 PLC。当使用可编程序控制器的辅助编程软件在计算机上编程时，可通过上、下位机的连接电缆将程序下载到 PLC 中去。

(8) 进行软件测试。因为在程序设计过程中，难免会有疏漏的地方，所以在将 PLC 连接到现场设备上去之前，必需进行软件测试，以排除程序中的错误，同时也为整体调试打好基础，缩短整体调试的周期。

(9) 应用系统整体调试。在 PLC 软硬件设计和控制柜及现场施工完成后，就可以进行整个系统的联机调试，如果控制系统是由几个部分组成，则应先作局部调试，然后进行整体调试；如果控制程序的步序较多，则可先进行分段调试，然后连接起来总调。调试中发现的问题，要逐一排除，直至调试成功。

2. 可编程控制器设计原则

(1) 触点的安排：梯形图的触点应画在水平线上，不能画在垂直分支上，这些桥式梯形图无法用指令语句编程(如图 8.12(a)所示)，需要将其改画为图 8.12(b)的形式。

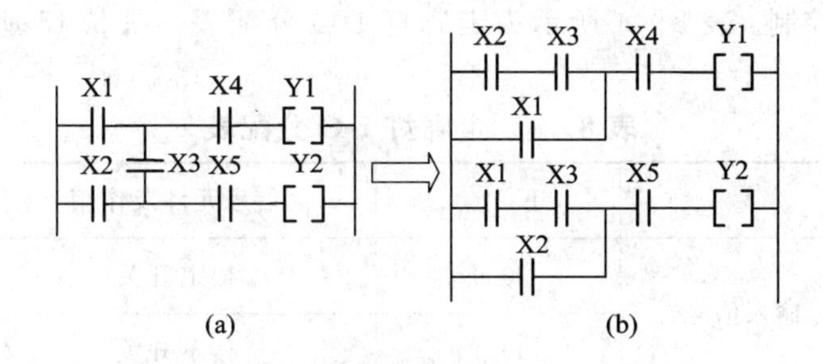

图 8.12　将无法编程的桥式梯形图改画

注意：触点在编制程序时的使用次数是无限的。

(2) 梯形图的每一逻辑行(梯级)均起始于左母线，终止于右母线。元件的线圈接于右母线，一般不允许直接与左母线相连；任何触点不能放在线圈的右边与右母线相连。在图 8.13 中，图(a)将触点画在线圈的右边了，需要改画成图(b)的形式。

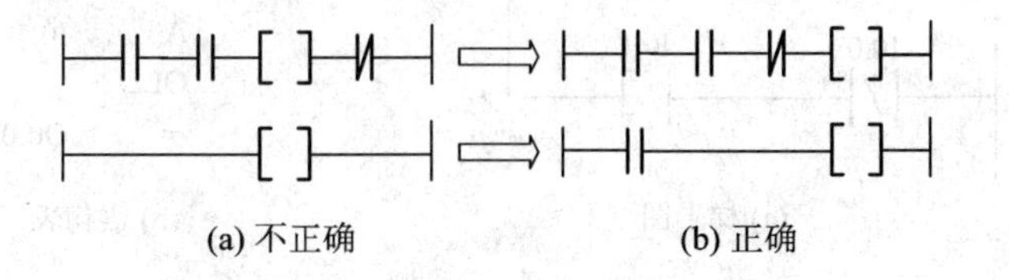

图 8.13　不正确的接线和正确的接线

(3) 编制梯形图时，应尽量按照“上重下轻，左重右轻”的原则安排，以符合“从上到下，从左到右”的执行程序的顺序。图 8.14 所示为合理和不合理的接线。

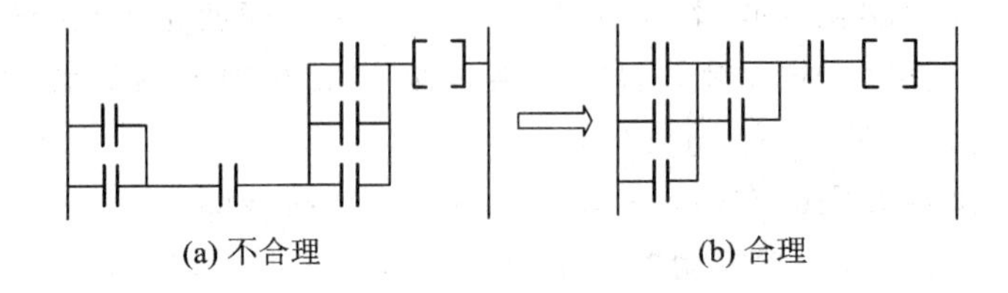

(a) 不合理　　(b) 合理

图 8.14　合理和不合理的接线

(4) 不准双线圈输出。如果在同一程序中同一元件的线圈使用两次或多次，则称为双线圈输出。这时前面的输出无效，只有最后一次才有效，所以不应出现双线圈输出。

(5) 一般应避免同一继电器线圈在程序中重复输出，否则易引起误操作。

(6) 编程顺序。对复杂的程序可先将程序分成几个简单的程序段，每一段从最左边触点开始，由左至右、由上至下进行编程，再把程序逐段连接起来。

8.3　可编程控制器应用举例

1. 基本位逻辑指令实例——走廊灯两地控制

某楼道有一个走廊灯，要求用为逻辑指令设计出梯形图或语句表程序，保证走廊灯能被楼上、楼下开关控制。表 8－4 所示为走廊灯 I/O 分配表；图 8.15 所示为走廊灯实验程序。

表 8－4　走廊灯 I/O 分配表

	I/O 点	信号元件及作用
输入信号	I0.0	楼上开关
	I0.1	楼下开关
输出信号	Q0.0	走廊灯

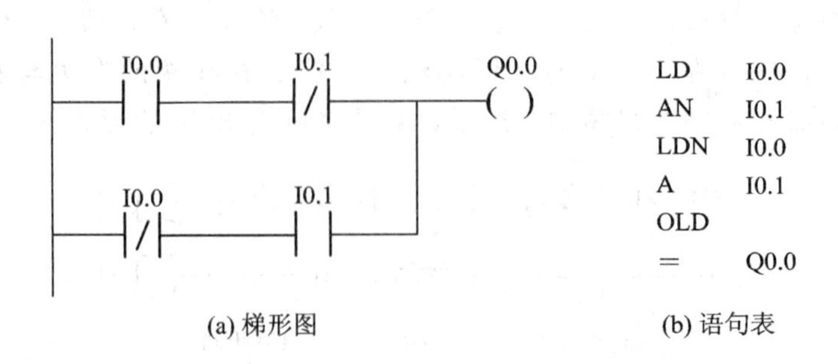

(a) 梯形图　　(b) 语句表

图 8.15　走廊灯控制

Q0.0 为 0 表示走廊灯不亮，如果此时改变输入触点 I0.0(楼上开关)或 I0.1(楼下开关)的状态，都会有能流从左侧母线流过输出线圈 Q0.0，此时 Q0.0 为 0，走廊灯熄灭。OLD 指令为块操作指令，将、上下两个逻辑块相或。

图 8.16 所示为走廊灯控制的 PLC 外部接线图。

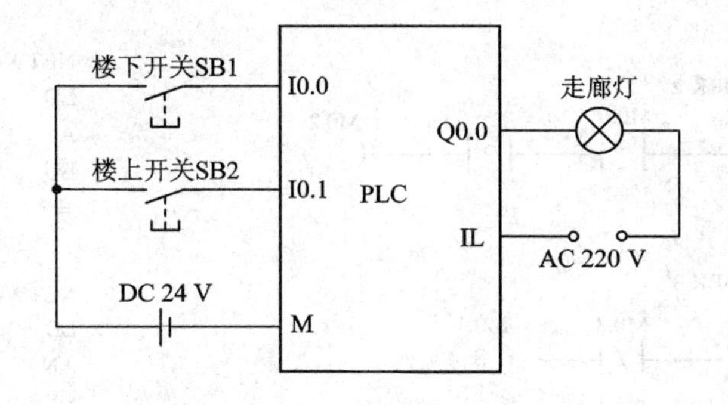

图 8.16　走廊灯控制的 PLC 外部接线图

2. 交通信号灯控制

控制要求：

允许通行指示：绿灯亮 20 s 闪烁 3 s，黄灯亮 2 s，之后转为禁止通行指示。

禁止通行指示：红灯亮 25 s 之后转为允许通行。

一个方向是允许通行指示，另一个方向是禁止通行指示，每 25 s 切换一次。

交通灯分东西、南北两组，分别用 1、2 组表示，控制规律相同。交通信号灯控制 I/O 分配表如表 8-5 所示；程序如图 8.17 所示。

表 8-5　交通信号灯控制 I/O 分配表

	I/O 点	信号元件及作用
输入信号	I0.0	起动按钮
	I0.1	停止按钮
输出信号	Q0.0	1 红信号灯
	Q0.1	1 黄信号灯
	Q0.2	1 绿信号灯
	Q0.4	2 红信号灯
	Q0.5	2 黄信号灯
	Q0.6	2 绿信号灯

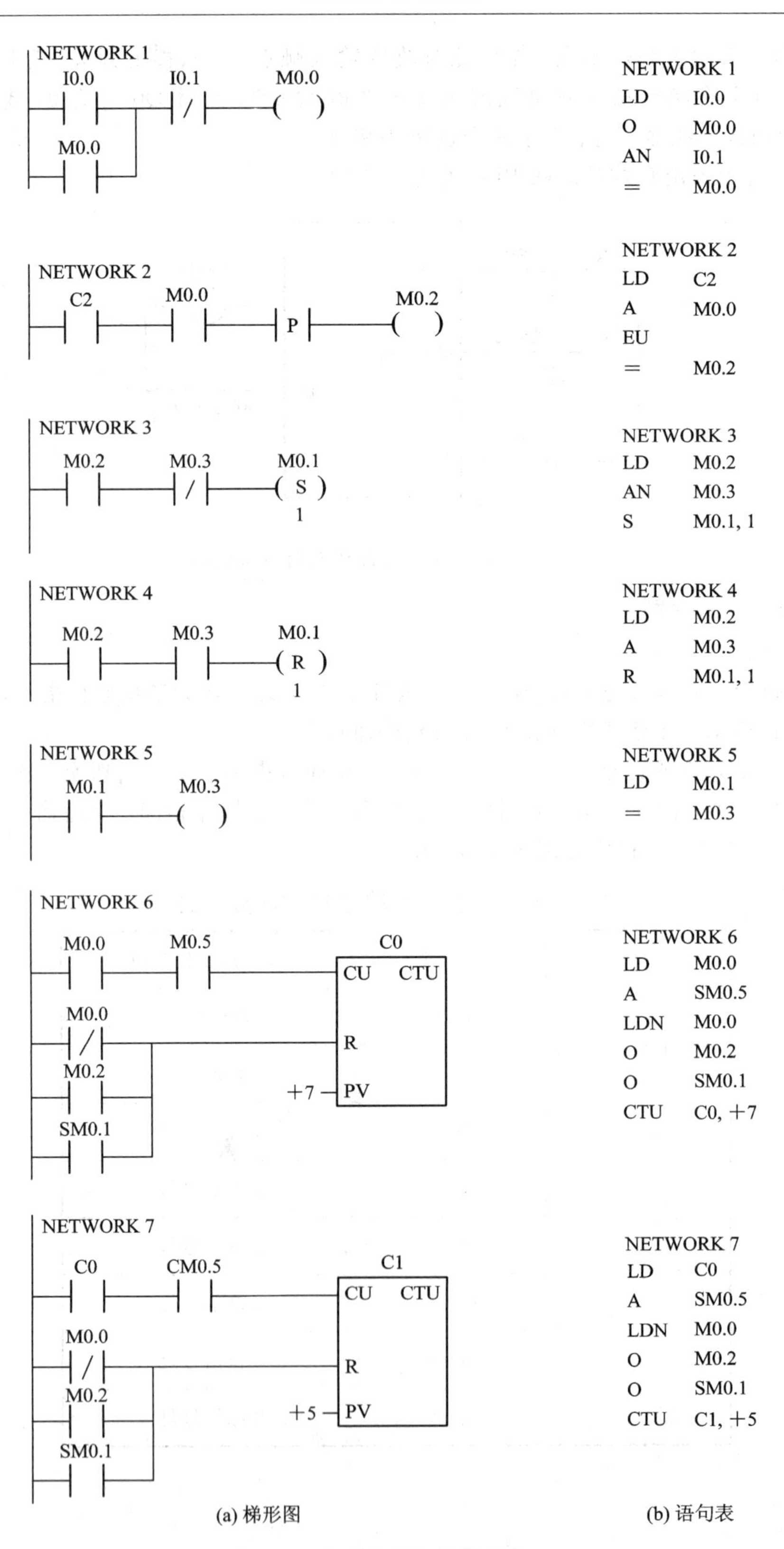

(a) 梯形图　　(b) 语句表

图 8.17　交通信号灯控制程序(1)

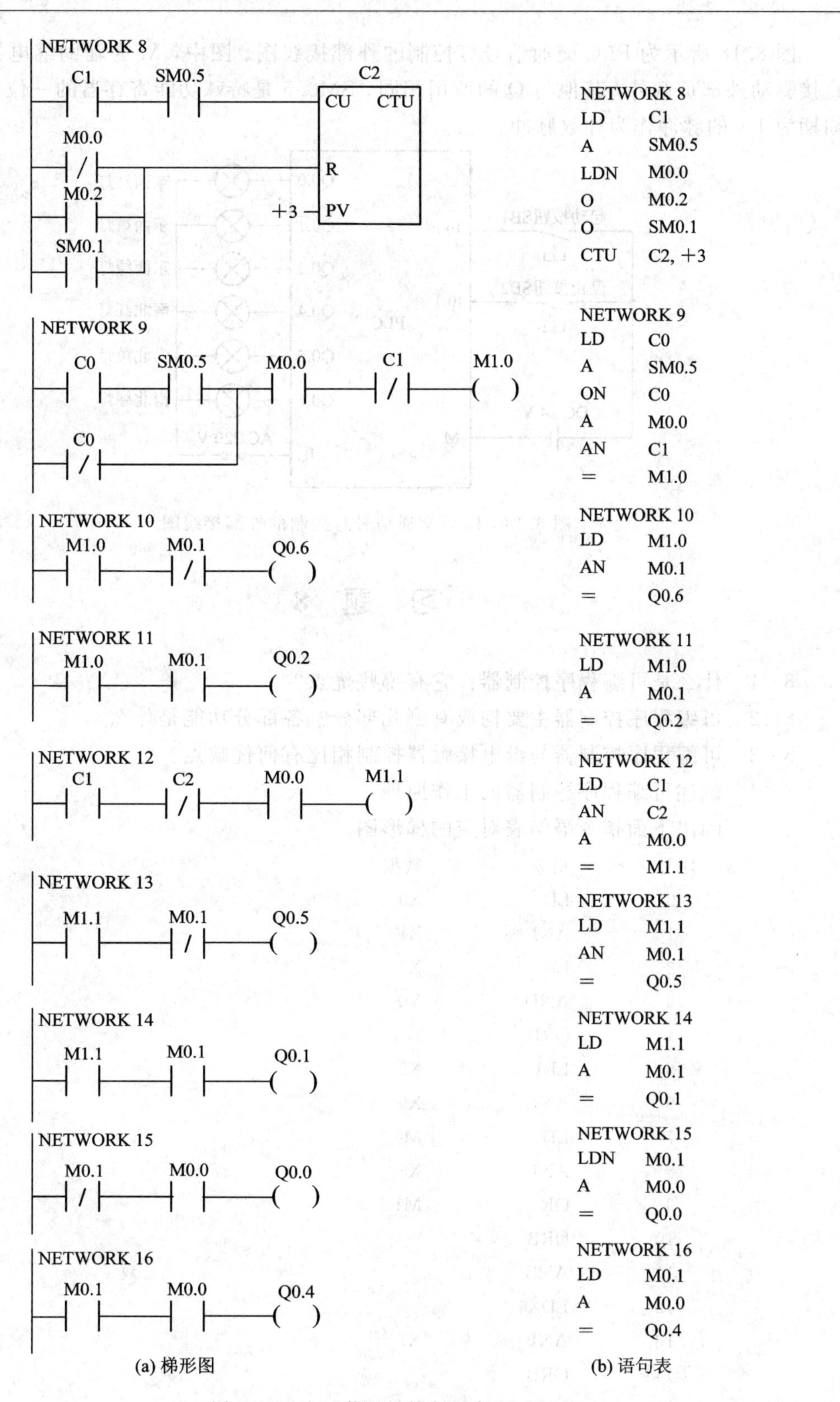

图 8.17　交通信号灯控制程序(2)

图 8.18 所示为 PLC 交通信号灯控制的外部接线图。图中，M 为辅助继电器，除不能直接驱动外部负载外，其他与 Q 的使用相同。SM0.5 是特殊功能寄存器的一位，用来产生周期为 1 s 的脉冲作为计数脉冲。

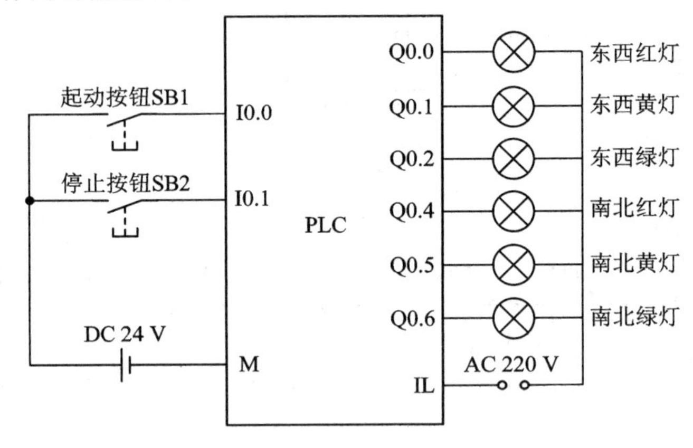

图 8.18　PLC 交通信号灯控制的外部接线图

习　题　8

8－1　什么是可编程序控制器？它有哪些优点？

8－2　可编程序控制器主要构成有哪几部分？各部分功能是什么？

8－3　可编程序控制器与继电接触器控制相比有何优缺点？

8－4　试述可编程序控制器的工作原理。

8－5　画出下面指令语句表对应的梯形图。

序号	指令	数据
0	LD	X0
1	ANI	X1
2	LD	X4
3	AND	Y0
4	ORB	
5	LDI	X2
6	AND	X3
7	LD	M0
8	ANI	X5
9	OR	M1
10	ORB	
11	ANB	
12	LDX6	
13	ANI	X7
14	ORB	
15	OUT	Y0
16	END	

8-6 根据图 8.19 所示的梯形图写出相应的指令语句表。

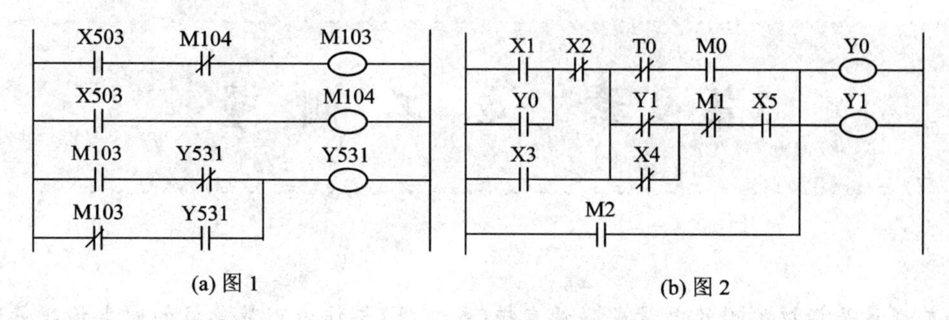

图 8.19 习题 8-6 图

8-7 按下按钮 X0 后，Y0 接通并保持，15 s 后 Y0 自动断开，试设计其梯形图程序。

8-8 按下按钮 X1 后，Y0 接通并保持，5 s 后 Y1 接通；按下按钮 X0 后，Y0、Y1 同时断开，试设计其梯形图程序。

8-9 光电开关检测传送带上通过的产品数量，有产品通过时信号灯亮并计数；如果在 10 s 内没有产品通过则发出报警信号，报警信号只能手动解除。试设计其梯形图程序。

第9章　电工测量

电工测量是指把被测的电量或磁量直接(或间接)与作为测量单位的同类物理量进行比较的过程。

9.1　电工仪表的一般知识

电路中的电压、电流、功率、电能等物理量的大小，除了可以通过分析与计算的方法得到之外，还常常使用电工仪表去测量。

9.1.1　电工仪表的分类

电工仪表的种类很多，主要有以下几种分类方法：

1. 按工作原理分类

电工仪表按工作原理的分类如表9-1所示。

表9-1　电工仪表按工作原理分类及其图形符号

名　称	符　号	名　称	符　号
磁电式		电动式	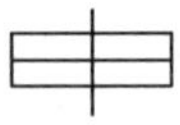
磁电式比率表		电动式比率表	
电磁式	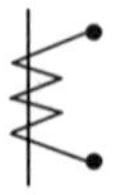	感应式	
电磁式比率表	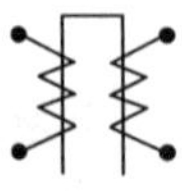	整流式	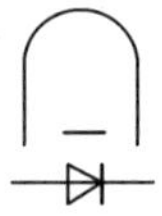

2. 按被测电量的种类分类

电工仪表按被测电量种类的分类如表9-2所示。

表9-2 电工仪表按被测电量的种类分类

名 称	被 测 电 量	计 量 单 位
电压表	测量电路中的电压	V
电流表	测量电路中的电流	A
电度表	计量电路或负载中电能的消耗	kW·h
频率表	测量电网的频率	Hz
功率表	测量电气设备消耗的功率	kW
功率因数表	测量交流电路中电压与电流间相角差的余弦值($\cos\varphi$)	—
欧姆表	测量电路或元器件的电阻值	Ω
兆欧表	测量电气设备的绝缘电阻值	MΩ
万用表	实验室用多种参数测量仪表(用于测量电压、电流、电阻等)	V,A,Ω

3. 按被测电流的种类分类

电工仪表按被测电流种类的分类如表9-3所示。

表9-3 电工仪表按被测电流种类、绝缘耐压程度及放置位置的图形符号

符 号	意 义	符 号	意 义
—	直流	☆(2)	绝缘强度试验电压为2 kV
~	单相交流	⊥	标尺位置为垂直
≃	交流和直流	⊓	标尺位置为水平
3~或≋	三相交流	∠60°	标尺位置与水平面倾斜成60°

4. 按仪表的准确度分类

准确度是电工仪表的主要特性之一。但仪表无论制造得如何精确,它总是有误差的。误差的来源主要有以下几个方面:

(1) 由于仪器本身设计的不完善所造成的误差,如校准不好,刻度不准等。

(2) 仪器使用过程中,由于安装、调节、放置或使用不当引起的误差。

(3) 由操作者本人由于读错刻度、视觉疲劳、责任心不强等引起引起的误差。

(4) 由于受到温度、大气压、机械振动、电磁场等影响引起的误差。

(5) 由于测量时所依据的理论不严谨或对测量方法不适当地简化及使用近似公式等所引起的误差。

电工仪表的准确度是根据仪表的引用相对误差γ_m来分级的。引用相对误差γ_m可表示为

$$\gamma_m = \frac{\Delta X_m}{X_m} \times 100\%$$

其中,ΔX_m表示最大基本误差;X_m表示仪器的满刻度值。

我国电工仪表γ_m值共分七级：0.1、0.2、0.5、1.0、1.5、2.5、5.0。如1.0级的电表表示$\gamma_m \leqslant \pm 1.0\%$。

9.1.2　电工仪表的类型

直读式电工仪表的工作原理是利用仪表中通入电流产生电磁作用，从而使得可动部分受到转矩而发生转动，当阻转矩与转动转矩达到平衡时，仪表可动部分的偏转角与被测量成一定比例，由此得出被测量的大小。

直读式电工仪表可分为磁电式、电磁式和电动式等几种。

1. 磁电式仪表

磁电式仪表的测量机构是利用永久磁铁的磁场对载流线圈产生作用力的原理制成的。

磁电式测量机构由固定部分和可动部分组成。固定部分是磁路系统，它包括永久磁铁和圆柱形铁芯。可动部分是由绕在铝框上的可动线圈(简称动圈)、游丝、指针等组成的。其工作原理是，当线圈通入电流时，电流在磁场的作用下将在线圈中产生转矩，因此使得线圈发生偏转。而游丝也是一个弹簧，当线圈偏转时，游丝会产生一个反方向的转矩，最后使得线圈停在某一个位置。可以证明，线圈的转动角度与线圈中的电流是成正比的。

磁电式仪表是一种应用广泛，具有高灵敏度、高准确度、低功耗的仪表，并且刻度盘标示的刻度是均匀的。磁电式仪表只能用来测量直流量，因此常常用于测量直流电压、直流电流及电阻等。

2. 电磁式仪表

电磁式仪表的测量机构有吸引型和排斥型两种结构。无论是哪种结构的电磁式仪表，指针的偏转角度与交流电流的有效值的平方成正比。因此，不加任何转换，电磁式仪表就可用于交流电流、电压的测量，但这种仪表刻度盘标示的刻度是不均匀的。电磁式仪表的测量灵敏度和精度都不及磁电式仪表的高，而功耗却大于磁电式仪表。

3. 电动式仪表

电动式仪表可以测量交、直流量，还可以用来测量非正弦电量。仪表刻度盘的刻度反映了被测量的有效值，因此测量正弦交流量或非正弦交流量时，读数为有效值。当测量直流量时，由于直流量的量值本身就是其有效值，因此可以直接读出被测直流量的数值。

9.1.3　电工测量仪表的选择原则

(1) 按测量对象的性质选择仪表类型。首先判断被测量是直流还是交流，如果测量交流量，还要注意是正弦波还是非正弦波。测量时还要清楚需要测量的究竟是平均值、有效值、瞬时值、还是最大值。另外，交流量还应注意频率。

(2) 按测量对象和测量线路的电阻大小选择仪表内阻。对测量电压的电压表，内阻越大越好，要求电压表内阻值要大于被测对象100倍。对测量电流的电流表，内阻越小越好，常要求电流表内阻小于被测对象1/100。

(3) 按测量对象的实际需要，选择仪表等级。根据工程性质，只要使测量结果的误差在工程实际允许范围内即可。例如，常用的标准和部分精密测量中，可用准确度0.1到0.2级的仪表；在实验测量中可用0.5到1.5级的仪表；在工厂生产中可用1.0到5.0级的仪表。

(4) 按测量对象选择仪表的允许额定值。不应用大量程的仪表去测量小量值，避免读数不准。当然更不可用小量程仪表去测量大电量，以免损坏仪表。所以，在选用仪表时，必须认真观察仪表和设备允许承受的额定电压、额定电流和额定功率。

9.2 电量的测量

为了正确反映被测电路工作情况，在测量时，电流表必须与被测电路串联，电压表与被测电路并联。由于电流表的内阻并不等于零，电压表的内阻也并不等于无穷大，因此，当它们接入电路时，会对电路的工作状态产生一定的影响，从而形成测量误差。电流表内阻越小，或电压表内阻越大，对被测电路的影响就越小，测量误差也越小。

9.2.1 电流的测量

电流表用于电流的测量，测量时的基本电路如图 9.1 所示。测量直流电流时通常采用磁电式电流表，测量交流电流主要采用电磁式电流表。电流表必须与被测电路串联(如图 9.1(a)所示)，否则将会烧毁电表。此外，在测量直流电流时，还要注意仪表的极性。

磁电式电流表的测量机构所允许通过的电流很小，不能直接测量较大的电流。如果要测量大电流，必须扩大电流表的量程。扩大量程的方法是在测量机构上并联分流器，如图 9.1(b)所示。图中，R_0 为测量机构的内阻，R_A为分流器的电阻，I_0 为测量机构的电流，I 为被测电流。

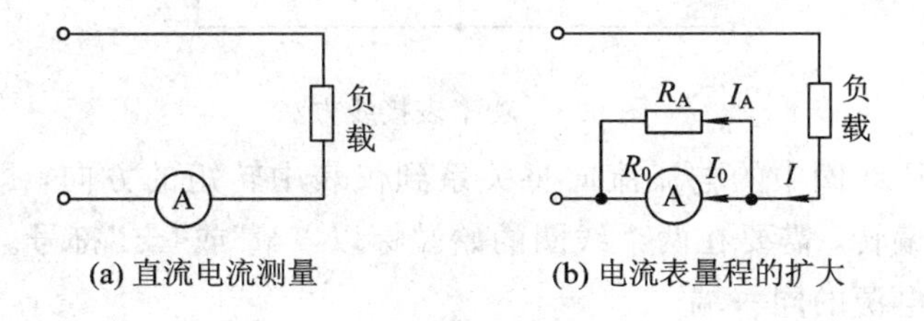

图 9.1 电流表测量的基本电路

电磁式电流表测量机构的固定线圈(励磁线圈)是直接串联在被测电流的电路中的，其测量线路非常简单，而且允许通过较大的电流。电磁式电流表的最大量程通常只能做到 200 A，最多不超过 300 A。若要测量更大的电流，则需要与电流互感器配合使用。

9.2.2 电压的测量

测量直流电压通常采用磁电式电压表，测量交流电压主要采用电磁式电压表。电压表测量的基本电路如图 9.2 所示。电压表必须与被测电路并联(如图 9. 2(a)所示)。此外，在测量直流电压时还要注意仪表的极性。

直接测量电压时，只能测量很小的电压(一般只有几十毫伏)。若测量较大的电压时，必须扩大电压表的量程。扩大量程的方法是串联倍压器，如图 9.2(b)所示，其中 R_0 为测量机构的内阻，R_V为倍压器的电阻，U_0 为测量机构的量程，U 为被测电压。

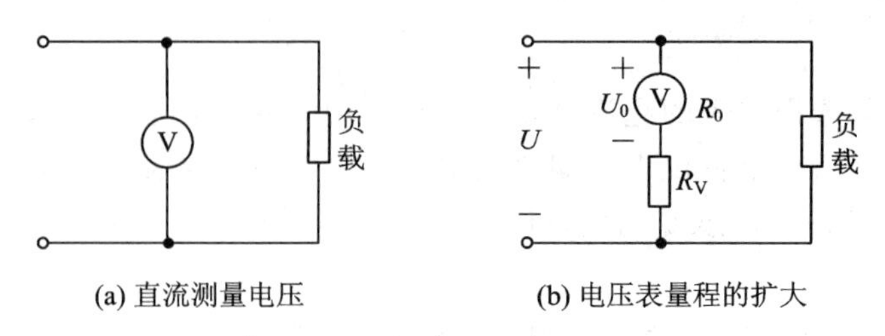

图 9.2　电压表测量的基本电路

9.2.3　电功率的测量

电动式功率表既可用来测量直流功率，也可用来测量交流功率。

电动式功率表具有两组线圈，其中定圈与负载串联，定圈中的电流是流过负载的电流，所以定圈又称电流线圈；动圈与负载并联，动圈承受负载电压，所以动圈又称电压线圈。两组线圈同时接入电路中就可测得负载的功率，功率表的接线方法如图 9.3 所示。

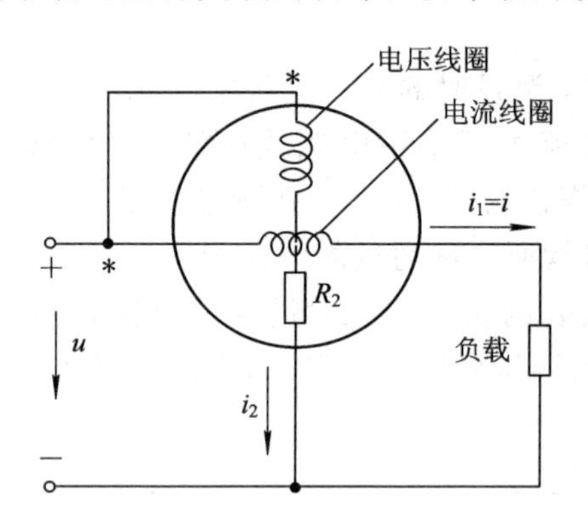

图 9.3　功率表接线方法

电流线圈和电压线圈中的电流流向将关系到仪表中转矩的方向，即指针的偏转方向。为了不使指针反向偏转，需要在两个线圈的始端标以“ * ”或“±”符号。接线时，要把标有此符号的两端接在电源的同一端。

功率表的量程由电压量程和电流量程分别来确定。电压量程即功率表电压线圈支路的额定电压，电流量程即功率表电流线圈支路的额定电流。而功率表的量程等于电压量程与电流量程的乘积。

在三相三线制电路中，无论负载对称与否，也无论负载为星形连接或三角形连接，三相有功功率都可以采用二表法测量。这两个功率表的电流线圈可以串接于任意两个端线中，电流线圈中通过的是线电流；电压线圈上所加的电压都是线电压，另一端跨接到剩下没有串接电流线圈的端线，如图 9.4 所示。

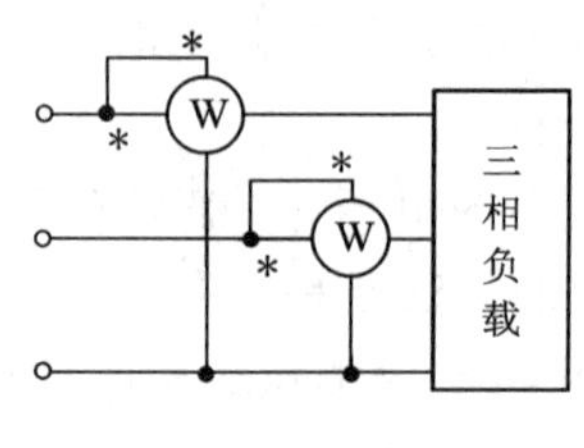

图 9.4　二表法

9.2.4　万用表

一般的万用表可以测量直流电流、直流电压、交流电压和电阻等，有些万用表还可以测量电容、电感、功率、晶体管共射极直流放大系数 h_{FE} 等。因此万用表是一种多功能、多量程的便携式电工电子仪表。

万用表一般可分为指针式万用表和数字式万用表两种，如图 9.5 所示。

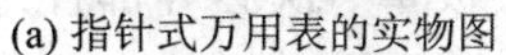

(a) 指针式万用表的实物图

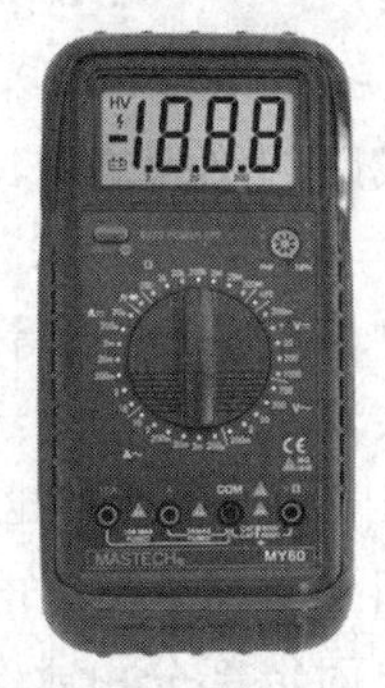

(b) 数字式万用表的实物图

图 9.5　万用表实物图

指针式万用表的刻度盘上有多种电量和多种量程的刻度线、符号和数值。符号“A－V－Ω”表示这只电表是可以测量电流、电压和电阻的多用表。表盘上印有多条刻度线，其中右端标有“Ω”的是电阻刻度线，其右端为零，左端为“∞”，刻度值分布是不均匀的；符号“－”或“DC”表示直流，“～”或“AC”表示交流，“≃”表示交流和直流共用的刻度线。另外，表头上还设有机械零位调整旋钮(螺钉)。使用万用表测量之前，应先进行“机械调零”，即在没有被测电量时，使万用表指针指在零电压或零电流的位置上。

使用万用表测量电压时，应将表笔与被测线路并联；使用万用表测量电流时，应将万用表串联在被测电路中。除此之外，使用指针式万用表还应注意以下几个方面：

(1) 根据被测电量选择合适的电量和量程的挡位。

(2) 将红色表棒和黑色表棒分别与万用表的“＋”端和“－”端连接，确保红色表棒总与被测对象的正极(或高电位)接触，避免指针反偏。

(3) 若不知被测对象的大小，应先将万用表放置在最大测量量程，视指针偏转情况再逐步减小测量量程。

(4) 测量完毕，应将万用表的转换开关放至交流电压的最高挡。如果长期不使用，还应将万用表内部的电池取出来，以免电池腐蚀表内其他器件。

(5) 读数时，视线应正对指针；万用表的指针指示应在 1/2～2/3 标度尺之间，否则应改变测量量程，以确保被测量有较准确的读数。

使用数字式万用表应注意以下几个方面：

(1) 测量电阻时，最好断开电阻的一端，以免在测量电阻时在电路中形成回路，影响测量结果；同时不允许在通电的情况下进行电阻测量。当显示为“1”时必须向高电阻值挡位调整，直到显示为有效值为止。

(2) 测量电压时，根据被测量将量程开关拨至“DCV(直流)”或“ACV(交流)”位置，并选择合适量程。

(3) 测量电流时，红表笔插入“mA”孔(当测量电流小于 200 mA 时)或“10 A”孔(当测量电流大于 200 mA 时)，黑表笔插入“COM”孔。根据需要将量程开关拨至“DCA(直流)”或“ACA(交流)”的合适量程。

9.3 兆 欧 表

电机、电气设备和线路的绝缘是否良好将直接影响系统的安全和能否可靠运行。各种设备的绝缘电阻都有基本要求。一般来说，绝缘电阻越大，绝缘性能越好。当绝缘电阻降低或损坏时，会造成漏电、短路、电击等电气事故。因此，必须对设备的绝缘电阻进行定期检查。兆欧表主要是用来测量设备的绝缘电阻的。

兆欧表的外形图如图 9.6 所示。兆欧表主要由两部分组成：磁电式比率表和手摇直流发电机。其基本结构如图 9.7 所示。磁电式比率表由可动部分和固定部分组成。其中可动部分装有两个可动线圈；固定部分由永久磁铁、极掌、铁芯等部件组成。手摇直流发电机的容量很小，而电压却很高。电压越高，能测量的绝缘电阻值也就越高。兆欧表就是以发电机能发出的最高电压来分类的。手摇直流发电机能产生 500 V、1000 V、2500 V 或 5000 V 的直流高压，以便与被测设备的不同工作电压相对应。

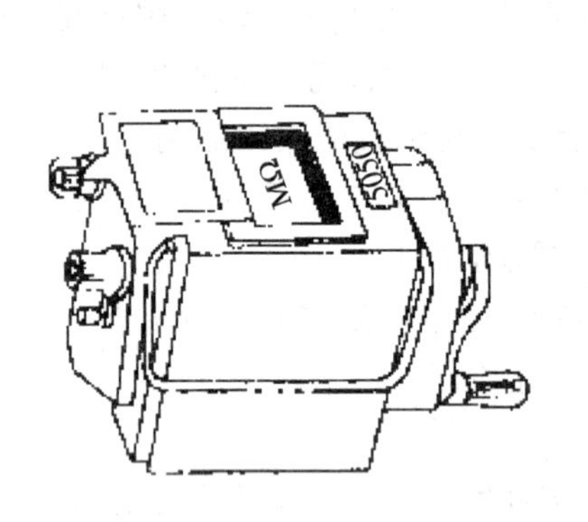

图 9.6　兆欧表外形图

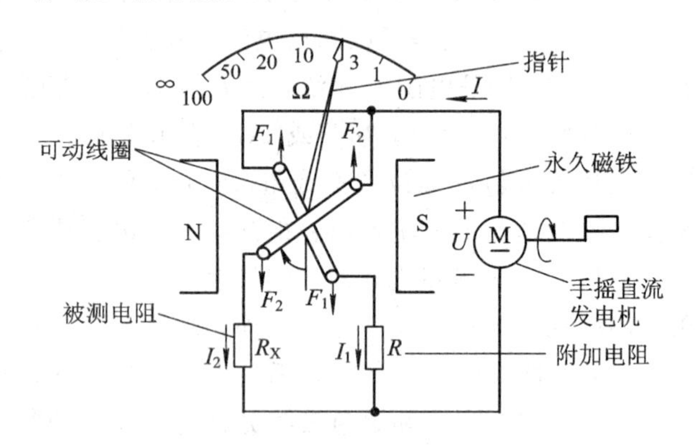

图 9.7　兆欧表结构图

使用兆欧表前，应注意以下几个方面：

(1) 应根据被测设备的额定电压选用合适的兆欧表。兆欧表的额定电压即手摇发电机的开路电压。当被测设备的额定电压在 500 V 以下时，选用额定电压为 500 V 或 2500 V 的兆欧表；当被测设备的额定电压在 500 V 以上时，选用额定电压为 1000 V 或 2500 V 的兆欧表。若选用额定电压过低的兆欧表进行测量，则测量结果不能正确地反映被测设备在工作电压下的绝缘电阻；若选用额定电压过高的兆欧表进行测量，则容易在测量时损坏被测设备的绝缘。

(2) 检查兆欧表是否能正常工作。将兆欧表水平放置，当兆欧表接线端开路时，摇动摇柄至额定转速(120 r/min)，指针应指在“∞”处；接线端短路时，缓慢摇动手柄，指针应指在“0”处，否则说明兆欧表有故障。

注意：在摇动手柄时，不得让接线端的“线路(L)”端和“接地(E)”端短接时间过长，否则将损坏兆欧表。

(3) 测量前，应对设备和线路先行放电，以免设备或线路的电容放电危及人身安全和损坏兆欧表，同时还可以减少测量误差。

(4) 检查被测电气设备和电路是否已经全部切断电源。绝对不允许设备和线路带电时用兆欧表测量。

正确使用兆欧表的方法如下：

(1) 将兆欧表水平放置在平稳牢固的地方，以免在摇动时因抖动和倾斜产生测量误差。

(2) 接线应正确无误。兆欧表有三个接线桩，“E(接地)”、“L(线路)”和“G(保护环或叫屏蔽端子)”。保护环的作用是消除表壳表面“L”与“E”接线桩间的漏电和被测绝缘物表面漏电的影响。当测量电气设备对地绝缘电阻时，“L”用单根导线接设备的待测部位，“E”用单根导线接设备外壳；当测量电气设备内两绕组之间的绝缘电阻时，将“L”和“E”分别接两绕组的接线端；当测量电缆的绝缘电阻时，为消除因表面漏电产生的误差，“L”接线芯，“E”接外壳，“G”接线芯与外壳之间的绝缘层。“L”、“E”、“G”与被测物的连接线必须用单根线，且绝缘良好，不得绞合，表面不得与被测物体接触。

(3) 摇动手柄的转速要均匀，一般规定为 120 r/min，允许有±20%的变化，最多不应超过±25%。通常在摇动一分钟、待指针稳定后再读数。如果被测电路中有电容，应先持续摇动一段时间，让兆欧表对电容充电，指针稳定后再读数；测完后先拆去接线，再停止摇动。若测量中发现指针指零，应立即停止摇动手柄。

(4) 摇动兆欧表后，各接线柱之间不能短接，以免损坏。

(5) 兆欧表未停止转动以前，不能用手去触及设备的测量部分或兆欧表接线桩，以防触电。拆线时也不可直接去触及引线的裸露部分。

(6) 测量完毕，应对测量的设备及时、充分地放电，否则容易引起触电事故。

(7) 禁止在雷电时或附近有高压导体的设备上测量绝缘电阻。只有在设备不带电又不可能受其他电源感应而带电的情况下才可测量。

(8) 兆欧表应定期校验。校验的方法是直接测量有确定值的标准电阻，检查其测量误差是否在允许范围以内。

习 题 9

9-1 列出电工仪表的准确度等级。

9-2 电流表和电压应怎样接入被测电路?

9-3 测量功率时，电压线圈和电流线圈如何接入电路?

9-4 兆欧表的作用是什么?

参 考 文 献

[1]　秦曾煌. 电工学(上)[M]. 7版. 北京:高等教育出版社,2009.

[2]　唐介. 电工学(少学时)[M]. 3版. 北京:高等教育出版社,2009.

[3]　邱关源. 电路[M]. 5版. 北京:高等教育出版社,2006.

[4]　张南. 电工学(少学时)[M]. 北京:高等教育出版社,2001.

[5]　刘烨. 电工技术(电工学I)[M]. 北京:电子工业出版社,2010.

[6]　席志红. 电工技术[M]. 哈尔滨:哈尔滨工程大学出版社,2008.

[7]　周新云. 电工技术[M]. 北京:科技出版社,2006.

[8]　严洁,刘沛津. 电工与电子技术实验教程[M]. 北京:机械工业出版社,2009.